学/者/文/库/系/列

印染废水处理工艺和技术

石凤娟　著

U0284546

哈尔滨工程大学出版社
Harbin Engineering University Press

内 容 简 介

本书是一本全面介绍印染废水处理的专业书籍。印染废水是一种含有大量有机物、染料、助剂、重金属等污染物的废水，具有色度高、成分复杂、难降解等特点。本书从印染废水的物理处理法、化学处理法、物理化学处理法、生物处理法，印染废水污泥的处理，以及印染废水处理新技术及新工艺等方面进行了系统的阐述，为印染企业工程师、环保部门人员、废水处理专家学者以及环保爱好者、废水处理政策制定者提供了参考和借鉴。

图书在版编目(CIP)数据

印染废水处理工艺和技术 / 石凤娟著.—哈尔滨：
哈尔滨工程大学出版社，2024.1
ISBN 978-7-5661-4308-2

Ⅰ.①印… Ⅱ.①石… Ⅲ.①染整废水—废水处理
Ⅳ.①X791.03

中国国家版本馆 CIP 数据核字(2024)第 061590 号

印染废水处理工艺和技术
YINRAN FEISHUI CHULI GONGYI HE JISHU

选题策划 石 岭
责任编辑 李 暖
封面设计 李海波

出版发行 哈尔滨工程大学出版社
社 址 哈尔滨市南岗区南通大街 145 号
邮政编码 150001
发行电话 0451-82519328
传 真 0451-82519699
经 销 新华书店
印 刷 哈尔滨午阳印刷有限公司
开 本 787 mm×1 092 mm 1/16
印 张 11
字 数 218 千字
版 次 2024 年 1 月第 1 版
印 次 2024 年 1 月第 1 次印刷
书 号 ISBN 978-7-5661-4308-2
定 价 68.00 元

http://www.hrbeupress.com
E-mail:heupress@ hrbeu.edu.cn

前　　言

　　作为全球最具规模性的纺织品产出大国,我国以自身雄厚的纺织工业为支撑,发展为享誉世界的纺织品供给国。这为我国带来了丰厚利润和广泛赞誉的同时,也形成了对各种能源资源的巨大消耗,并产生了日益严重的废水、废物等污染,由此受到人们的广泛关注。特别是印染企业所产生的废水、废物等,在该行业的污染物排放总量中的占比达到 80%左右,是主要的污染来源。在我国经济社会发展中,党和政府对此高度重视,要求我们既要积极发展印染行业,又要努力实现对废水的有效治理。

　　随着印染技术的日益成熟,印染后整理加工更加趋向于多样化。我国针对产品类型和特点的差异采取了与其相匹配的工艺手段与制作流程,同时利用新型的染化助剂,以及更为先进的设施设备,持续提升印染产品的品质和档次,有力助推相关材料、技术、工艺、助剂与设备的同步发展。早在1964 年,我国便针对印染废水的生物处理问题展开了相应试验,学者们对此也进行了相关研究,取得了日益丰硕的成果,并在印染生产中得到了广泛应用,通过实践实现了持续优化和提升。随着印染生产技术的快速发展,废水中所含有的污染物的构成与含量也处于不断变化中,因此,针对印染废水所采取的工艺和技术也日益复杂多样,由单纯的生物处理演变为生化、物化等有机融合的新技术。

在本书中,著者通过深入具体地分析各高校、科研机构的研究成果,同时结合印染处理实践经验,对推出全新的印染废水处理工艺及技术形成了有力的理论指导,并为从业人员及研究者提供了有益借鉴。

著 者

2023 年 10 月

目　　录

绪　　论

第一节　我国水污染现状、危害与相关法规

从我国印染行业当前发展状况来看，虽然实现了持久有序的发展，但也存在诸多问题，特别是水污染问题，日益成为影响该行业发展的关键因素，也是影响自然生态的核心所在。在整个工业领域中，印染工业产生的废水量虽不及造纸业，但仍然应予以足够的重视。

一、我国水污染现状

我国是一个水资源较为短缺的国家，人均水资源占有量仅为世界人均水资源占有量的1/4，我国已被联合国列为贫水国。由相关数据可知，在我国深入推进工业化、城市化进程中，工业生产和城市生活所产生的污水急剧增加，水污染程度迅速加剧，进一步恶化了原本短缺的水资源环境。其中，城市水污染便是恶化水资源环境的主要诱因之一，这种影响也波及我国的经济、社会等各个领域。

我国当前水环境存在诸多问题，其中之一便是日益严重的水污染。就

形成过程而言,水污染可分为两大类型:自然型和人为型。前者指的是受到自然条件及其规律的变化,以及土壤中矿物质含量的影响,水源被污染的情况;后者则是指在人类的生产生活过程中所产生的水污染,如工农业生产及生活过程中所产生的各类废水和污水等,未经无害化处理便随意排放。特别是改革开放以来,在我国经济、社会、科学发展过程中,各类水源均受到不同程度的污染,并且呈现日益加剧的趋势。据相关统计,我国每天未经处理而直排的城镇污水高达 1 亿吨;七大水系中超过半数的水段遭受污染;超过 1/3 的水体中鱼类无法存活,超过 1/4 的水体无法用于农业灌溉;城市水域中仅有 10% 的水体质量尚可,其余均受到严重污染;以饮水标准为参考,半数的城镇水源不达标,40%无法引用;特别是在南方城市中,水污染所导致的缺水量占据了总缺水量的 60%～70%。

二、水污染的危害

水污染所导致的危害如下。

1. 对人类健康和生命构成严重威胁

未经处理的生活污水以及地面径流中,均存在着复杂多样的病原微生物,病菌主要有霍乱、痢疾等;微生物主要是指各类寄生虫,如蛔虫、肝吸虫等;还有各种各样的病毒,如肠道病毒等。它们对水体的污染由来已久,一直是人们身体健康和生命安全的极大威胁。

2. 对农业生产产生严重不利影响

如果将污水用于农田灌溉,则会导致农作物的枯死、减产甚至绝产。此外,还会使农作物受到污染,残留其中的有害物质增加,如农药、重金属等。这些有害物质进入人体后会对人们的身体健康构成严重威胁。

3. 对渔业生产产生重大负面影响

污水中所含的物质通常为碳水化合物,它们均为吸氧物质,会对水中的氧气产生严重消耗,导致水体缺氧,引发鱼类的缺氧或死亡,致使渔业生产遭受不同程度的损失;同时,污水中的一些物质还会导致鱼类的变异,并且其他水生生物也会遭受污染,使它们的食用价值大打折扣。

4. 不利于工业发展

目前,工业的发展在消耗大量的水资源的同时,也造成其严重的污染。水质的恶化使工业发展陷入了进退两难的境地。其一,水污染引发水质污染,工业原材料质量会由此受到影响,进而对产品质量产生不利影响;其二,水体受到污染后会产生酸化、硬化的情况,将其用于工业生产时,会导致冷却水循环系统出现阻塞、腐蚀和结垢的现象,所需成本明显增加,不利于工业的健康发展。

5.引发生态环境的恶化,利润收益受损

由于污水会产生日益严重的恶臭,水体也会出现富营养化的情况,对人类的生产生活产生严重负面影响;同时也会对水体中的生物构成威胁,致使水体生态环境失衡,污染状况进一步加剧,甚至形成恶性循环。此时,利润和收益状况便会受到不同程度的损失。

三、我国水污染相关法规

(一)水污染防治法

可从广义和狭义两个维度对水污染防治法进行界定,前者指的是国家出于有效防治水环境污染的目的,针对性制定的相关法律法规;后者指的是国家为预防陆地水(不含海洋)受到污染,专门制定的相关法律法规。

我国针对水污染防治也制定了专门的法律,即《中华人民共和国水污染防治法》(以下简称《水污染防治法》),以此实现对水污染的有效防治和优化,确保饮用水安全,保障民众身体健康,深化生态文明建设,保证经济社会的持久稳健发展。早在1984年,我国便制定实施了首部《水污染防治法》;1996年,在第八届全国人民代表大会常务委员会第十九次会议上,对该法进行了首次修正;2008年,在第十届全国人民代表大会常务委员会第三十二次会议上,又对该法进行了针对性的修正。

该法相关规定要求:

(1)国家应本着统筹兼顾的原则,不断加大对水资源的开发利用和调节调度力度,确保江河湖泊、地下水源及水库等保持在合理的水量水平,不断增强水体自然净化能力,提高水体自身质量。

(2)针对水体质量及污染物排放,制定针对性的标准、制度,加强对水污染的管控,形成对水环境的有力保护。

(3)以流域或区域为依据,对水体实施统一规划,提升水污染防治能力及成效。

(4)依据工业发展所需实施科学规划,针对水污染严重的企业开展专项整治,加强相关技术的升级改造,采取综合化、科技化的措施,不断提高水资源利用率,使之更具科学性与合理性,降低废水及废物的排放水平。

(5)对所有建设项目必须实施科学高效的环评,明确可能导致的水污染及生态环境问题,制定针对性的防治举措。在水利部门的许可下,各种水利工程内部设置相应的污水排放管口。严格遵守实施"三规定"相关要求,加强对项目建设中属于污染防治设施设备的管理,形成与主体工程建设的有机统一,在设计、施工和使用方面实现高度同步。

(6)严格落实排污申报登记制度。任何企事业单位,只要是以直排和间排方式进行污水排放的,必须在生态环境部门备案登记。

(7)针对污水、污物的排放实施排污缴费及超标多缴制度。

(8)针对污水排放多次超标的情况,将相关单位列为重点监控对象,对其实施总量控制。

(9)针对水污染情况较为严重的单位,对其做出限期整改的处罚要求。

(10)对于城市污水需予以集中处理。依据国家相关法律法规及规定要求,对排污者收取相关服务费用。

(二)水污染防治计划

为有效提升水污染防治能力,取得预期成效,我国于 2015 年提出了针对性的防治计划,进一步增强对江河湖泊、领海海域、水源水体、农业用水等方面的污染防治,从而实现对水源地、流经地及使用地的全程监管。国务院又于同年发布实施了更为严格具体的《水污染防治行动计划》(以下简称"水十条"),针对污水、污物及废水的排放处理等问题,做出了更加严格具体的规定,形成全面、全程的监控与问责,构建起铁腕治污的全新格局。

随着"水十条"的深入实施,对水污染行为的惩治打击力度也不断加大。同时,国家、省、市等各级的监督检查也相应启动,并在实践中不断完善,环境监督执法日益规范严格;推行实施了"红黄牌"管理制度,针对那些排污超过标准要求或总量规定的企业,给予"黄牌"警示,要求其必须限产或停产,同时予以相应整顿;针对整顿情况进行检查后,仍未达标的给予"红牌"警告和处罚,要求其必须停业、关闭。对于破坏自然环境的一切行为,都要给予严厉惩罚,采取零容忍态度对待违法排污行为:对于恶意隐瞒、有意掩饰偷排偷放的行为,以及私自篡改环境监测数据的行为,必须给予严厉惩罚;针对违反相关法律法规故意排污,要求其整改后拒不执行的,可按日对其进行经济处罚,同时对相关责任人行政拘留;存在犯罪情节的,依法交付司法机关进行处理;针对超过相关标准要求及总量规模的,必须对这类企业采取限产、停产及关闭等处罚手段。

　　大力实施三级监督检查制度,高效开展各种形式的执法,如联合式、区域式、交叉式等,将暗查、暗访作为重要监督手段,建立起综合化的监督检查机制,将常规检查、突击抽查和媒体监督有机结合,吸引社会力量的积极参与,形成全民监管的良好局面,增强对环境违法监管力度。通过突击抽查明确各企业单位的达标情况,并及时公布抽查结果,给予相应企业"黄牌"或"红牌"处罚,构建起全面、全程、全民监管的全新格局。

第二节　印染废水概述

　　由实践可知,纺织业作为一个关系国计民生的重要产业,不仅与民众生活息息相关,还会影响水资源状况,同时纺织业也是一个高能耗行业。根据相关统计数据,该行业每年所产生的工业废水高达 21 吨,这一排放量在 41 个工业行业中排第 3 位。特别是印染环节是增加纺织品附加值的关键所在,在这一环节中所产生的废水及污物等,占据了该行业污染排放总量的 70% ~ 80%。从区域分布情况来看,印染产能主要分布于鲁、苏、浙、闽、粤五省,它们均为沿海省份,由此所排放的污水必然对近岸水环境产生严重威胁。

　　为有效减少和避免印染废水排放风险,必须制定针对性的治理方案。在方案制定前还应对废水水质及排放标准做出明确具体的规定,在此基础上选择更适宜于实现清洁生产及废水净化的方案,从而达到全程监管、精细治理的目的。因此,明确具体的印染废水排放标准,可为废水的处理、排放提供相应要求及最终保障。我国于 1992 年对此做出了明确的标准要求,但是,印染废水的治理具有明显的复杂性、长期性和动态性,需要根据实际情况对该标准进行相应的修正和优化。同时还需要对修订的原因、过程及实施成效进行及时有效的总结,展开深入具体的分析,使之在印染废水治理中发挥更大的作用。

　　虽然印染企业早已认识到废水及污染物排放的危害性,并已采取相应措施开展清洁生产实践,不断提高生产技术及工艺水平,从而实现对源头排放的有力控制,同时积极实施科学高效的治理方案,即"清污分流、分质处理",但仍然没有实现对各种废水的彻底治理,综合性印染废水仍然会产出并排放。进行染整时所用的原料、助剂等存在非常大的差异,致使废水水质出现较大变化。此外,生产工艺的差异会导致水质特征的不同,即便是在同一生产工艺过程,不同作用的染化料助剂也会引发废水水质的较大差异。通过对印染综合废水治理的长期研究,已形成了多种行之有效的处理方法,如进行预处理时通常采用混凝、沉淀或气浮组合等方式,实现对污水的物化处理,从而降低后续工艺流程中污染物的处理难度。出于提升废水可生化性的目的,还可将高级氧化作为预处理手段。实践证明,生物处理工艺具有鲜明的实用性、高效性和经济性,通过对相关工艺的有机组合,能够实现对有机物及氮的有效去除。随着排放标准的日益严格,以及水资源循环利用能力的不断增强,印染深度处理及回用技术得到广泛普及和应用。无论是臭氧、曝气生物滤池及其组合,还是芬顿催化氧化(Fenton)和类芬顿催化氧化(类 Fenton),抑或是膜和吸附深度处理技术,都受到了高度重视,对其展开了深入持久的研究与实践,取得了丰硕的成果和良好的成效。

一、印染废水的特点和危害

(一)废水的特点

(1)所产生的废水量非常大。

(2)废水浓度很高,通常呈碱性,化学需氧量(chemical oxygen demand, COD_{cr})高,与日生化需氧量(BOD_5)低,颜色通常较深。

(3)水质波动明显。由于纺织品类型及管理方面存在差异,不同印染厂所用的工艺及染化料等也会有所不同。随着产品的变化,所产生的废水水质情况也会有明显的波动,所含的成分及浓度也会产生频繁且较大的变化。

(4)主要污染物为有机物。废水中仅有少量的酸、碱物质,其余绝大部分为有机物或者是合成有机物。

(5)处理非常有难度。随着染料品种的不同以及化学料浆的应用,所产生的废水也必然含有难以降解的有机物,呈现出生化性难度加大的特点。由此导致印染废水的处理是非常有难度的。

(6)有些废水含有较高浓度的有毒有害物质。印染过程中所产生的印花雕刻废水,便含了六价铬;还有一些燃料含有较高浓度的有毒物质,如苯胺类染料。

我国生态环境部于 2012 年 10 月 19 日发布的《纺织染整工业水污染物排放标准》规定了纺织染整工业企业生产过程中水污染物排放限值。如

COD$_{cr}$、BOD$_5$、氨氮、总氮、总磷、可吸附有机卤化物(AOX)、苯胺类、硫化物、六价铬、二氧化氯等污染物。

苯胺作为一种复合型原料,是由多种染料融合而成的,当这种物质残留于染料中并进行染色时,会溶解于废水中。除此之外,采取厌氧或缺氧手段对废水进行处理时,那些富含氮官能团的偶氮染料分子,则会降解为苯胺。临床医学发现,苯胺能够对人体造成多种疾病及伤害,既可引发高铁血红蛋白血症,也会导致肝肾同步受损。而 AOX 可导致各种癌变、基因突变及畸形等。对于含氯的染料而言,其自身便会产生 AOX,针对废水实施氯消毒及脱色时,由于受到氯与废水相互反应的影响,也会产生 AOX。近年来,硫化染料中所含有的硫化物浓度明显降低,但是,硫酸钠作为常用且实用的缓染剂和促染剂,普遍应用于染色工艺中,从而导致废水中硫酸钠的含量明显增高。对其实施厌氧处理时,在硫酸盐还原菌的作用下,这类物质会转化为硫化氢或硫化物,前者会从废水中挥发溢出,飘散至空气中,产生刺鼻的臭味,也会对人体形成较大毒害;当后者含量达到较高水平时,会对活性污泥的细胞结构及酶活性产生相应的破坏力。随着废水回收率的不断攀升,废水排放量不断减少,硫酸盐浓度也随之升高,当达到 20 000 mg/L 以上时,会形成对生物酶活性的有力抑制,不利于对废水生物的深化处理。重铬酸钾是进行毛染整时必不可少的固色剂,在使用过程中会引发废水产生六价铬,而六价铬是一类极具致癌性的物质。当亚氯酸钠处于酸性环境时,便会产生二氧化氯,这是极具毒性和腐蚀性的一类物质,当进行漂白过程时可能会进入废水中。除上述印染废水污染物以外,因原料和工艺的差别也会产生其他污染物。例如,涤纶等合成纤维的染色和印花工艺。在涤纶的制造过程中,需要使用含锑的催化剂,如醋酸锑,这些催化剂中的锑元素在纤维退浆或碱减量工序时被释放到废水中。无论何种类型的锑,通过人体后都会引发各种不适和疾病,如溶血、肝肾功能紊乱和肺水肿。研究还发现,相比于五价锑,三价锑具有更强的毒性。

(二)废水的危害

由于印染废水中含有占比较多的有机污染物,其排放后会大量消耗水体中的氧气,造成水体生态失衡,对鱼类及其他水生生物产生巨大威胁。当有机物沉于水底时,也会由于厌氧分解作用,导致硫化氢等各种有毒有害气体的产生,进一步加剧环境污染状况。

印染废水呈现较深的颜色,会对受纳水体产生直观且鲜明的影响,使水体呈现相应色泽,该色泽主要源于染料的颜色。全球染料年产量超过60万吨,其中半数以上用于纺织染色,当这些染料用在纺织品印染加工领域时,会有10%~20%成为废物。由于印染废水具有非常浓的色泽度,采取一般生化法很难予以去除。同时,水体被染色后也不利于日光的透射,会对水中生物生长产生不利影响。

针对染料色度进行清除时,通常采用化学氧化法,用于破坏染料的发色基,然而其中的残余物却仍然难以去除。

印染废水一般呈碱性特质,当其进入土壤后,会导致土壤的板结碱化;当废水中的硫酸盐进入特定土壤环境中并被还原后,还会转化为硫化物,从而形成硫化氢。

二、印染废水的来源与水质

(一)常用染化料

由于印染生产实际所需,会用到大量的药剂,其中常用的种类有:

酸性类——通常含磺基化合物;

直接类——含有磺酸基的偶氮染料;

纳夫妥类——重氮化的芳香胺类和偶联剂;

士林类——具有靛青和蒽醌结构的有机物;

硫化类——由有机物与硫相互融合而成的化合物。

依据硫化类在水中的溶解程度可将其分为以下两种类型。

亲水性染料——具有直接、酸性、活性的特性;

疏水性染料——具有还原、硫化、分散性的特性。

以上各类染料及助剂中,含有有毒物质的染料仅占少数,如硫化、冰染、苯胺黑等,它们通常带有硝基和氨基化合物等。也有些药剂中含有有毒有害性物质。

就染料的着色情况而言,它们的着色率具体见表0.1所示。

当染料处于以下浓度时,在1 cm水层中便可显现较为鲜明的颜色。

氧杂蒽酮染料为0.000 5~0.01 mg/L;偶氮染料为0.006~0.6 mg/L;硫化染料为0.08~0.5 mg/L。

表 0.1　各种染料的着色率

染料种类	着色率/%
直接染料	50～90
酸性染料(酸性浴)	90～100
媒染、酸性媒染染料	90～100
硫化染料	40～60
硫化还原染料	40～70
还原染料	60～90
分散染料	90

(二)各工段废水水质

印染废水主要来源于印染加工的四个工序:预处理、染色、印花、整理。预处理阶段(包括烧毛、退浆、煮炼、漂白、丝光等工序)排出退浆废水、煮炼废水、漂白废水和丝光废水;染色工序排出印染废水、印花废水和皂液废水;整理工序排出整理废水。印染废水是以上各类废水的混合废水,或除漂白废水以外的综合废水。

1. 退浆、煮炼废水

退浆是用化学药剂将织物上所带的浆料去除,同时也可以除掉纤维本身的部分杂质。在退浆过程中产生的废水是碱性有机废水,含油浆料分解物、纤维屑、酶等。退浆废水水量虽少,但其 COD_{cr} 和 BOD_5 均高,是前处理废水有机污染物的主要来源。

煮炼是用烧碱和表面活性剂等的水溶液,在高温(120 ℃)和碱性(pH 为 10～13)条件下,对棉织物进行煮炼,去除纤维所含的油脂、蜡质、果胶等杂质,以保证漂白和染整的加工质量。煮炼废水呈强碱性,含碱浓度约为 0.3%,呈深褐色,BOD_5 和 COD_{cr} 值较高。

2. 漂白废水

漂白可有效清理纤维中的色素。漂白工序通常会利用各种氧化剂和助剂,主要是次氯酸钠、亚氯酸钠及过氧化氢。由测定可知,漂白废水需要通过化学和生化两重反应,由此所需的氧气量必须限定在相应标准之内,也就是我国针对工业三废排放所拟定的标准:《工业"三废"排放试行标准》(GBJ 4—73)。当我们采取清浊分流方式时,漂白后丝光前所产生的废水可

9

以单排,也可以循环利用,还可以直排。

3. 丝光废水

丝光废水通常采取先煮炼后丝光的流程。这一流程中所用的烧碱通常会经三效蒸浓设备加以回收,从而实现重复利用。只有去碱箱所流出的淡碱,当我们没有对其充分利用时,则会导致废水 pH 的升高。采取原坯布丝光方式时,极易导致棉纤维短绒及浆料等物质进到水体中,进一步恶化水质状况。

4. 染色废水

染料助剂的选择会受到染色种类及工艺的影响,甚至会由此产生很大的变化。同时,染料着色率情况及其所需的化学需氧量,也会明显影响水质状况。染色废水同时还存在少量的有毒物质。

通常而言,染色废水本身就有很强的碱性,同时还含有丰富的硫化物及还原染料,其 pH 甚至超过 10。染料在生化过程中所需的氧气量通常较小,但化学反应所需的氧气量却明显较高。

5. 印花废水

在印花环节,由于受到各种因素影响而产生废水。废水中的污染物主要源自以下几个方面:一是调色;二是印花滚筒及网筛的冲洗;三是后续处理过程中产生的废水,如皂洗、水洗等。与染料的用量相比,印花色浆所用的浆料是其数倍乃至数十倍,同时浆料生化过程中所需的氧气量很高,因此,印花废水在生化及化学反应过程中所需的氧气量一直处于高位。此外,活性染料还需要用到大量的尿素,由此导致废水中氨氮占比较大。

6. 雕刻废水

针对花筒镀铬通常以铬酐作为基本手段和措施。进行花筒的冲洗时,必须保证废水不会进入污水管道,同时,还要确保在花筒剥铬过程中形成的铬酸得到及时回收或处置,特别是在其含有的三价铬超过 500 mg/L 时,必须予以就地解决。

7. 整理废水

整理环节中所产生的废水量较少,因此,对于企业而言,其废水处理过程并不会产生太大影响。

传统模式下,印染工艺需要经过下述几个环节:退浆、煮炼、漂白、丝光、染色、印花、整理,各工序环节中所产生的废水水质也有很大差异。依据印染原料成分的差异可将其分为两种类型:一是天然型,二是合成型。前者中产能最大的当属棉印染,在天然类印染总产量中占据了 80% 以上,其他种类的天然纤维,如麻、毛、丝等则占据了20%左右。所以,棉印染所产生的废水以及相关污染物,也是最具排放性的。典型棉印染工艺由下述环节组成:前处理诸多环节、染色、印花、整理等。而不同工序环节所产生的废水水质也存在较大差异。退浆环节中坯布表面的上浆剂会溶解于废水中,由此产生的退浆废水在整个废水排放量中仅占了10%~20%的比例,但从其有机物负荷情况来看,却占据了60%左右的规模,特别是其COD_{cr}甚至超过了10 000 mg/L的水平。由于PVA很难实现生物降解,所产生的退浆废水的BOD_5/COD_{cr}将保持在20%以下的水平,因此,即便利用高级氧化、生物强化等综合性、加强性处理手段,也很难达到预期成效,在未来发展中必须开发更加易于实现生物降解的浆料。进行煮炼时,有些纤维素及脂类物质会受到高温、碱性环境的影响,被迫从棉纤维中剥离,并在废水中溶解。经检测可知,煮炼废水COD_{cr}的浓度在4 000~5 000 mg/L,其色泽度也普遍较高。进行漂白时并没有加入任何有机物,其COD_{cr}水平保持在较低状态。在丝光这一环节中需要添加大量的碱,使得废水中所含有的碱占比达到3%~5%的水平,而丝光废水经蒸发浓缩可实现回收利用,继续用于丝光工艺中。在染色工序中所产生的废水量占据了全部废水的70%左右,在这一环节中形成的染色物质主要是残留的染料及助剂,它们也是相应有机物负荷的来源。印花工艺流程需要用尿素,将其作为一种有效的固然剂,虽然在这一环节所产生的废水较少,但它是产生氮素的主要渠道。整理环节中,只有有限的有机物出现,且浓度不高,废水量较少。

在其他天然纤维染整过程中,只有前处理诸环节不会产生与棉印染同样性质的废水,其他各环节均类似棉印染过程。但是产生天然纤维染整原料的整个过程中,均可形成浓度较高的废水。如苎麻脱胶过程中,会在高温煮炼脱胶这一节点中添加氢氧化钠,促使苎麻中的胶体快速脱落,并溶解于废水中,从中可获得COD_{cr}浓度高达14 000~20 000 mg/L的煮炼废水,这一指标值显著高于其他工序所排出的废水。进行缫丝时,会产生富含有机物及氮元素的汰头废水,其中的污染物含有高浓度的蛋白质。在洗毛环节中,会排出富含羊毛脂的废水,对于这些浓度较高的废水必须实施针对性的预处理或资源回收,从而降低污染物排放量。厌氧工艺更加适宜于含有丰富可利用有机物废水的回收,如苎麻脱胶和缫丝废水。针对洗毛废水中所含有的价值物,即羊毛脂,可通过回收利用的方式,降低废水处理过程中产生的有机负荷。在进行环境管理过程中,在天然纤维染整原料下所实施的生产,会产生浓度很高的废水,它们不被划归印染废水,对于这些废水的处理应参照麻纺、缫丝、毛纺等工业水排污标准要求。近年来,为进一步促进纺织业废水治理工作的开展,我国采取了统一管理的策略,生态环境部出台实施一系列工业废水排放标准,重点针对四大领域——麻纺、缫丝、毛纺、纺织染整,并在实践中不断修正、合并、优化。

从合成纤维染色工艺来看,整个过程与棉印染类似,但也有不同之处。针对涤纶仿真丝的染整,必须实施碱减量预处理,由此会析出难以降解的含有对苯二甲酸的碱减量废水。据相关数据可知,在我国合成纤维产出总量中,涤纶织物占有量超过了80%,因此,针对碱减量废水的治理成为阻滞该行业持久健康发展的重要因素。从单纯的理论研究维度来看,可利用酸析沉淀的手法,将分离废水中含有的对苯二甲酸作为聚酯合成原料予以回收,达到减排污染物的目的。但还应注意的是,所回收的对苯二甲酸浓度不高,很难实现回收利用,需要利用废水处理工艺进行处理。整体而言,染整预处理环节中产生了大部分的有机物负荷,而染色和印花工艺则是致色物质及氮素的主要来源。如果染整工艺并未设置退浆预处理环节,那么染色和印花工艺便会产生大量的有机物和氮负荷。

三、印染废水排放标准

(一)我国当前废水排放标准

出于严控废水排放,确保水环境总量及浓度达标的目的,我国针对纺织染整工业的水污染排放,制定并实施了专门的《纺织染整工业污染物排放标准》(GB 4287—1992),并于1992年正式实施。根据经济社会发展及环境保护需求,我国又于2012年对该标准进行了修正和优化,即 GB 4287—2012。该标准对于水质检测共规定了11项污染物指标,与最初标准相比,新修订的标准增加了新指标,如总氮、总磷、AOX 及总锑等。由于印染生产工艺并没有加入铜元素,因此对原有的铜指标予以取消,同时所涉及的指标限制更具科学性和严格性。这一新规对标准限值进行了分类,共分为直排和间排两大类。前者针对企业废水直接排放规定了具体的水质限值,同时对 COD$_{cr}$、BOD$_5$、氮素和硫化物等指标提出了更加严苛的排放限制;后者指的是企业通过城镇或废水处理厂进行排放。这一新规还根据不同地区的环境状况做出了差异性的规定,特别是针对那些生态环境脆弱、水环境容量小的区域,规定了更为严苛的排放限值,从而实现特别对待。通过积极建设纺织工业园区,针对园区内废水处理实施集约化、统一化管理,构建起基于印染行业实际所需的、高效科学的运营模式。现有的排放标准具有明显的局限性,只能在生态环境管理部门的监管下实施,水利部门无法形成有效监管。同时由于园区内针对废水的集中处理,最后也是排入地表水体中,因此必须出台更加严苛的排放标准,为此,我国出台了《城镇污水处理厂污染物排放标准》(GB 18918—2002)。它在诸多方面的标准限值明显高于 GB 4287—2012 规定的直排限值,从而形成了对水环境安全的有效保障。

(二)修订历程

自 GB 4287—1992 施行开始,通过不断修正优化,形成了更为科学的 GB 4287—2012,这对于强化印染废水的科学管理、加强水环境安全保护而言,是一个巨大的进步。但也应看到,GB 4287—2012 在经济社会发展中也出现诸多不适的地方,因此,在 2015 年进行了两个修改,即 4 月的一次修订和 7 月的二次修订。前者规定企业废水排放至污水处理厂或管网系统时,必须与直排规定的限值相符,从而在排放总量及浓度方面形成更加严格的管控,但所剩的污染物通常为难以降解的物质,即便通过后续处理也很难去除,同时进行集中处理时,生物降解作用也难以有效实现;后者则根据这一情况直接取消了该规定,要求纺织工业园区必须设置专门的废水收集、处理机构,针对产生的 COD_{cr} 和 BOD_5,应分别按照 500 mg/L 和 150 mg/L 的间排限值予以处理,而无须遵照 200 mg/L 和 50 mg/L 的直排限值标准,但也明确指出了实施这一规定的前置条件,那就是废水集中处理机构经过处理后,COD_{cr} 和 BOD_5 必须符合 200 mg/L 和 50 mg/L 的标准要求。由实践可知,印染企业用于废水处理方面的成本始终处于高位运行状态,在运营总成本中的占比明显过高,通过修订可有效缓解企业对废水的预处理支出,促进行业的持久健康发展。从 2012 年到 2014 年,位于江苏省的太浦河水源地被曝出整体锑超标的问题,并且数次被举报,经查此地的印染企业是导致这一问题的源头宿主。对于突然出现的水源地总锑严重超标的情况,必须对所有印染企业做出处罚,要求它们减少产能甚至停止生产。为此,第一次修订时增添了总锑这一指标,将其作为一项重要的排放标准,明确了排放限值,也就是说,无论是直排还是间排,必须按照 0.1 mg/L 的限值要求进行排放。同时,在 GB 4287—2012 中还对新建企业的废水排放标准做出了具体规定,要求所排废水含有的苯胺、六价铬必须达到"未检出"这一限值标准,这导致印染企业无力承受。二次修订时,则对它们的排放限值做出了相应调整,使之回归到 1.0 mg/L 和 0.5 mg/L 的水平。通过以上阐述可以看出,针对印染废水的治理不断加码,最大限度地消除了废水排放所产生的不利影响。随着标准的不断提高,企业运行成本也相应增加,利润不断减少,整个行业发展由此受阻。因此,必须加紧研究效能高、耗能少的废水处理新技术!

四、印染废水回用

(一)回用水水质要求

由于印染业是一个高能耗行业,不仅用水需求巨大,而且废水排放量也非常惊人,因此,采取废水回用措施是保证该行业节约用水、实现可持续发展的重要手段,特别是对于北方干旱少雨的地区而言,具有更大的意义和价值。由此所制定实施的《纺织染整工业废水治理工程技术规范》(HJ 471—2020),明确规定了印染工艺回用水应达到的水质标准和要求。通过与印染废水排放标准的比较可以发现,该标准增加了对水质部分的要求,主要在水的硬度、所含的铁锰占比以及其电导率等方面。回用水是对废水进行二级和三级深度处理所得的,所含的污染物水平明显较低,通常不会对印染产品品质产生不良影响,因此,并未对水质标准做出具体要求。但仍应看到,出于确保印染产品质量的目的,在染色和印花工艺环节中仍然对水质提出了更为严格细致的要求,主要是对总硬度,铁、锰、悬浮物的含量等进行了规范。相比于漂洗环节,在上述两个环节中并未对电导率这一指标做出明确规定,这主要是由于进行染色时通常将盐作为缓染和促染的重要手段,对电导率产生影响较小。用于染色和印花的废水已经过三级深度处理,更有甚者经过了膜处理,因此,也并未对回用水 COD_{cr} 的限值做出限定要求。

(二)废水回用系统

通过棉印染处理过程可以看出,为确保废水回用水质符合相应标准要求,工程实践过程中已经构建起了针对性的废水处理回用系统,共有三种模式:一是统一处理与回用;二是清污分流、分质处理与回用;三是零排放。

通过对以上三种模式的比较分析可以看出,在第一种模式下,印染生产会形成复杂多样的废水,通过对它们的混合可变为综合废水,然后利用相应处理系统对其处理、回用,其废水收集、输送、回用等设施设备具有较为简单便捷的特点,可实现对废水的一体化处理和回用,所需成本较低。此外,为确保处理后的水质符合各生产环节的工艺要求,通常会针对不同工艺要求采取差异化的处理手段,对于那些对水质要求较低的工艺环节,会引入膜前深度处理或超滤处理技术;而对于那些对水质要求较高的工艺环节,可运用终端纳滤或反渗透技术予以处理。从中可以看出,该模式具有便于管理的优势,但对各种废水进行混合然后处理的过程,必然会导致运行成本的增加。在第二种模式下,可更好地解决运行成本过高的缺陷,特别是在预处理环节中所产生的废水量较为有限,然而有机物排放量却很高,在废水排放总量中前者的占比达到 20%~30%,而后者则达到 60%~70%。在之后的漂洗环节中,初期的有机物排放量仍然很高,但通过数次漂洗后其含量会逐渐降低,从而实现了对高浓度废水的有效分流,使其达到规定的标准要求。在漂洗和染色环节中,如果所产生的废水浓度较低,可将它们进行混合,然后对其实施生化、物化等处理,由此所得的回用水可再次用于漂洗环节中。为进一步提高水资源回收利用率,使之更好地满足高标准循环利用要求,"零排放"理念日益深入人心,并在印染废水治理中得到实践。对高浓度废水实施"清污分流、分质处理"后,可形成相应淡化处理,基于此,还要采取超滤、反渗透或纳滤等手段,对出水实施深度综合处理,由此所得的脱盐水有 75% 左右可回用于生产工艺,其余盐度较高的浓缩液还需要进行蒸发结晶脱盐处理,然后将回用水用在印染工艺中,所得的废盐进行外运处理。高盐废水在全部废水中的占比较小,所需的零排放实现费用较低。

上述两种模式已经在工程实践中得到广泛应用。通过理论分析可以发现,在"零排放"思想理念指导下,能够实现对废水的有效回收和利用,然而需要付出的成本费用非常高昂,加之印染行业实际利润较低,因此,在实际应用中会受到较大限制。

五、印染废水治理原则

针对印染废水的治理,必须立足废水所导致的污染情况,与当地企业排污实情相结合,参考当地政府所出台的排污标准,同时还要具体分析受纳水体的自净能力,在此基础上选择有针对性的处理方法,形成具体实用的综合措施。通常而言,还应分别从四个方面加以考量:一是工艺改革,二是清浊分流,三是综合利用,四是废水处理,然后制定出一个整体化、综合化的治理方案,从而实现对投资及运行成本的有效管控,以免造成资源浪费的情况。

(一)工艺改革

印染企业作为一个市场主体,其从事生产的根本目的在于获得更大的利润,因此为提高产品的色泽度,形成更强的吸引力,他们往往选择那些上色率低的染料,以及含毒量高的氧化剂,通常不会过多地考虑污染问题,由此导致废水中有机污染物占比明显增多,不仅加大了废水处理难度,而且还会造成更加严重的污染,对此必须从源头予以治理。首先,应明确不同类型产品需要的染化料,具体分析它们在进行生化和化学反应时所需的氧气量,在此基础上,选择那些更易于被微生物及化学混凝剂清理掉的染化料。如果存在非常必要的情况,可采取更改工艺路线的方式予以解决。在印染行业中,重铬酸钠($Na_2Cr_2O_7 \cdot 2H_2O$,俗称红矾钠)常被用作硫化还原染料染色的氧化剂,通常会将中性红矾液当作氧化剂,但由此会产生铬污染,为改变这一状况,可将硝酸钠或氯酸钠作为替代品。硫化染料通常也会采用红矾作为氧化剂,但为减少或避免污染情况的出现,有些印染企业已将其替换为过氧化氢或其他氧化剂。

(二)清浊分流

印染业作为一个用水量巨大的行业,倘若对其产生的废水全部予以处理,则需要付出高昂的建设和运营成本,同时废水中还有 30%～40%符合国家排放标准要求的废水,可采取直排或回用的方式,使其实现直接排放或再次用于生产中。进行染色和印花时,有些废水并不适宜进行生化处理,可将其实施分流,也可以采取其他处理方式。

(三)综合利用

就印染企业而言,对碱的需求是非常旺盛的。通常情况下,每千米布匹所耗费的碱量便达到 10 kg 以上;对此,中小型企业可向造纸厂或化纤浆料厂提供他们所需的淡碱。当淡碱含量达到 20～30 g/L 时,极易出现流失的情况,导致废水中 pH 升高,甚至可高达 14 左右的水平,不利于废水的有效处理,因此必须予以回收或综合利用。

通常而言,染料污染具有很强的直观性。由于浓染料脚水中所含的高锰酸钾可耗费巨大的氧气量,甚至可以达到 13 000 mg/L,但通过运用投加药剂法,对染料进行回收后,可有效降低高锰酸钾的耗氧量,使之降至 3 000 mg/L 的水平,同时还可以减弱其色度。因此,凡是以士林染料、硫化染料、分散染料作为染色剂的企业,都会对染料进行回收,一般会采用超滤法和加药法,更多的是采用超滤法。通过对染料的回收可实现对生产成本的有力管控。如果某一印染企业采用了超滤法进行染料的回收,则每年可由此得到数百千克的染料,倘若实现全部回收,那么每年可节约10万~20万元的成本支出。在出台废水处理方案过程中,必须将染料回收作为重要内容,既有利于提升处理成效,还有利于更好地清理废水中的色素。

在漂白环节中,由于废水中含有的有机污染物较为有限,同时氯根水平较高,且悬浮物较多,它们通常为众多的细小纤维。干旱缺水地区可采取化学混凝、澄清、过滤等方法予以回收利用。

如果企业规模较小且没有碱回收设备,可将淡碱液作为实现除尘的重要工具,这样做既实现了对碱性的中和,又节约了除尘用水。

(四)废水处理

通过对以上三项工作的扎实推进,形成了后续工作的基础和支撑,然后制定相应处理方案。通常采取综合性的处理方法,将物理、化学、生物等技术手段有机融合,并通过图0.1的流程实现:

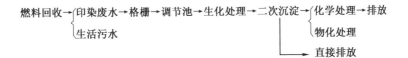

图0.1　废水处理流程图

如果当地干旱少雨、缺水严重,同时排放标准要求较为严格,还需要对废水实施脱色处理,也就是三级处理。它是继生化处理后,通过添加化学凝剂、活性炭,同时运用臭氧、光氧等处理方法而实现的。有些在消毒过滤后还可实现回用。

当生产的产品为纯化学纤维类时,由于废水的生化需氧量较低,因此,一般不会采取生化处理法。那些规模较小、受季节影响明显的染色厂,一般也不会采用这种方法,更多的是采用其他相关方法,如化学混凝、物理化学、电化学等。

第三节　印染废水处理的基本方法

存在于印染废水中的物质大多为有机污染物,其成分非常复杂,对其处理时主要针对下述物质:一是 BOD_5;二是难以降解或降解较慢的有机物;三是相应碱度、染料色素;四是少量毒性物质。即便是印染废水普遍存在可生化性较差的问题,但采用生物处理法同时辅以相应的预处理及深处理手段,大多数仍然可以实现生物降解。

一、预处理

由于印染废水所含有的污染物较为复杂,形成的污染力较强,同时其水质和水量具有很大的波动性,因此必须对其实施预处理,从而保证后续生物处理获得预期成效,并实现稳定运行。

1. 调节

由于印染废水非常复杂,其水质和水量具有明显的多变性,因此,对其处理时通常会设置调节池,从而实现对水质和水量的均衡化。同时为了预防纤维屑、棉籽壳、浆料等物质的沉淀,还会通过水利、空气和机械等装置在池内进行搅拌。通常情况下,水力停留时长为 8 h 左右。

2. 中和

印染废水往往具有很高的 pH,利用调节池可实现对其酸、碱的有效均衡。同时还建有一个中和池,以确保废水的 pH 达到后续处理的相应标准要求,从而提高处理质量和效率。

3. 废铬液处理

在印花环节中,需要用到重铬酸钾等染料对印花筒进行镀筒,这一过程中会出现剥铬的情况,由此形成铬污染。此时,必须对含有铬的雕刻废水实施针对性的处理,才能有效清除由铬造成的污染。

4. 染料浓脚水预处理

进行染色过程中需要对相关品类进行调换,由此产生的染料浓脚水虽然数量有限,但其浓度极高,含有的 COD_{cr} 达到几万乃至几十万的水平,因此必须对其实施单独的预处理,从而降低 COD_{cr} 浓度。这种处理更适用于那些规模小、批量小、品种多的企业。

二、生物处理技术

针对印染废水实施生物处理主要是对印染废水进行生物氧化,现有的方法有三种:一是活性污泥法;二是生物接触氧化法;三是生物转盘及塔式生物滤池。为进一步增强废水的可生化性,处理过程中通常还会采用缺氧、厌氧等工艺手段。

1. 活性污泥法

作为有较长历史的活性污泥法生物处理系统,在长期的工程实践过程中,根据水质的变化、微生物代谢活性的特点和运行管理、技术经济及排放要求等方面的情况,又发展成为多种运行方式和池型。

(1)推流式活性污泥法

推流式活性污泥法,又称为传统活性污泥法。推流式曝气池表面呈长方形,在曝气和水力条件的推动下,曝气池中的水流均匀地推进流动,废水从池首端进入,从池尾端流出,前段液流与后段液流不发生混合。

推流式曝气的特点是:①废水浓度自池首至池尾是逐渐下降的,由于在曝气池内存在浓度梯度,废水降解反应的推动力较大,效率较高;②推流式曝气过程中,由于沿池长均匀供氧,会出现池首曝气不足,池尾供气过量的现象,增加动力费用。

(2)完全混合式活性污泥法

完全混合式活性污泥法是利用活性污泥与废水在反应器内进行完全混合的处理技术。污水进入反应器后,通过搅拌和曝气等手段,使活性污泥与污水充分混合,产生大量的微生物群落,这些微生物可以分解和吸收废水中的有机物和氮磷等无机物,将其转化成能够通过沉淀和过滤等方式进行去除的物质。同时,在反应器中加入适量的氧气,可以使微生物进行呼吸代谢,维持反应器内的生态平衡,从而实现高效的废水处理。

与传统的推流式活性污泥法相比,完全混合式活性污泥法以效率高、建设成本低及操作方便的优势得以被广泛应用。

2. 生物接触氧化法

不会出现丝状菌膨胀现象、管理便捷高效、污泥不会回流、更有利于有机物的降解等,从而受到广泛应用和推广。此外,即便暂停运行,在重新启动时也不会浪费过多时间,有利于企业对设备的检修以及节假日的停产,并且无废水排放,可以更好地实现生物处理。虽然这种方法需要较高的成本投入,但更适宜那些废水处理管理能力弱、水平低且用地较为有限的企业,尤其对于那些中小水量的印染废水处理,该方法无疑是首选。

三、物化处理与其他处理技术

通过长期实践和对比分析发现,针对印染废水的物化处理,常用方法有混凝法、化学氧化法、电解法、活性炭吸附法等。

1. 混凝法

混凝法是应用最广的一种印染废水处理法,常用处理手段有两种:其一为混凝沉淀法,其二为混凝气浮法。需要用到的混凝剂有两类:一是碱式氯化铝,二是聚合硫酸铁。由实践可知,混凝法能够有效清理废水中的色素及 COD_{cr}。

该法应用较为灵活、便捷,既可将其置于生物处理前,也可将其置于生物处理之后,还可以单独使用。将其置于生物处理前使用时,所需的混凝剂较多,由此产生的污泥量也较大,不仅导致处理成本的增加,而且加大了污泥处理难度,并对后续产生诸多阻碍。当该法置于生物处理之后时,便可显现出其运行灵活等显著优势。特别是在废水浓度不高时,所产生的生化效果会更佳,同时也无须添加混凝剂,能够有效节约处理成本;采取生物接触氧化法进行处理时,无须设置二次沉淀池,而是使生物处理构筑物的出水通过直排方式进到混凝处理设施中。因此,这种后置方式受到广泛的青睐。

如果废水中的污染物含量较低,只要使用该法便可实现对废水的有效处理并达到相应排放标准,此时只需设置相应处理设施即可。

2. 化学氧化法

印染废水含有的色素非常复杂且浓厚,通常会呈现非常鲜明的色泽,这种情况主要是残留于废水中的染料导致的。除此之外,废水中的悬浮物、浆料及助剂等,也是颜色呈现的重要来源。进行脱色处理就是将这些显色物质予以剔除。运用生物法或混凝法去除废水中的 COD_{cr} 和相关悬浮物后,废水颜色也会相应减弱。通常而言,生物法所产生的褪色功能较为有限,只能达到40%~50%的效果;而混凝法可实现更高的脱色率,但会受到染料种类及混凝剂的影响,由此产生较大差别,其脱色率通常可达到50%~90%。运用以上方法后如果出水颜色仍然较深,则会对后续的排放和回用产生严重不利影响。需要实施更为有力的脱色处理,可采用氧化法、吸附法等。运用前一种方法时通常会采取以下三种手段：一是氯氧化脱色法；二是臭氧化脱色法；三是光氧化脱色法。

通过化学氧化可实现对废水的深度处理，该法通常设于工艺流程的末端，主要是为了更为彻底地清理色素，并进一步降低 COD_{cr} 水平。通过这一流程的处理，色度可降至 50 倍以下，但对于 COD_{cr} 的去除效果却较为有限，通常在 5%~15%。

（1）氯氧化脱色法：在日常生产生活中，氯已在给水处理领域得到广泛应用，主要发挥了其消毒功能，但作为一种氧化剂，它还具备其他的功能和作用。氯氧化脱色法便是基于废水中显色有机物易于氧化的性质，有效发挥氯及其化合物的氧化作用，实现对显色有机物的氧化，同时破坏其结构，从而达到脱色的目的。

脱色时所用的氯氧化剂主要有三类：一是液氯，二是漂白粉，三是次氯酸钠。在这些氯氧化剂中，成本较高的当属次氯酸钠，它所需的投加设备较为简单，同时产生的污泥量也相对较少。而漂白粉较为便宜，分布也较为广泛，取材方便快捷，但所产生的污泥量较大。以液氯作为氧化剂时，所产生的沉渣较少，但所需量大，同时在常温下需要更长时间的反应周期。还应注意的是，有些染料通过氯化会产生有毒有害物质。

并非所有染料都会对氯氧化剂产生反应，只有那些易于氧化的水溶类及不溶类染料，才会产生反应从而脱色；那些不易被氧化的不溶性染料，则很难产生预期脱色效果。如果废水中的浮悬物和浆料含量较高，运用该法需要添加更多的氧化剂，但仍然无法去除这些物质。即便被氧化也不能使所有染料都被破坏，大多以氧化态存在于水中，对其放置后有些染料仍然可以恢复至原来的颜色。因此，单独使用该法时无法获得预期的脱色效果，必须与其他方法同时使用才能见效。

（2）臭氧化脱色法：这是一种以臭氧为工具进行深度脱色的方法。臭氧分子中含有氧原子，它对电子或质子具有极强的亲和力和吸引力，具有非常强的氧化作用，可将废水中的色素进行分解，使之形成新生态的原子氧。

染料之所以显现出相应颜色，是其发色基团导致的，这些发色基团主要是指乙烯基、偶氮基、羰基、硫酮等。它们均含有不饱和键，在受到臭氧的氧化分解后，便会产生分子质量更轻的物质，如有机酸和醛类，从而丧失发色功能。可以看出臭氧具备优良的脱色功效。但也应看到，由于各种染料之间存在鲜明的差异性，它们的发色基团存在于染料的不同位置，由此所产生的脱色成效性也有很大不同。如果废水中含有水溶性染料，那么将会产生良好的脱色效果;如果含有不溶性分散染料,也会产生预期的脱色成效。如果含有的不溶性染料是以细分散悬浮状存在的,则很难产生良好的脱色效果。

实践证明,臭氧化脱色法效果受到诸多因素的影响,如水的温度、pH 水平、臭氧浓度及添加量、悬浮物含量、反应时间及臭氧的剩余量等。

采用该法进行脱色时,也会受到染料品种的影响,由此所形成的处理流程也有很大不同。如果废水中含有大量的水溶性染料,同时所含有的悬浮物较少,只需使用臭氧或臭氧-活性炭予以处理便可,通常情况下会与其他方法共同使用。如果废水中含有大量的分散性染料,同时悬浮物较为丰富,则适宜采取混凝-臭氧联合流程,以提高脱色成效。

(3)光氧化脱色法:该法是通过光与氧化剂的有机结合,形成极强的氧化作用,从而实现对废水中有机物的氧化分解,有效去除其中的 BOD_5、COD_{cr} 及色素,以达到脱色目的。

使用这种方法时通常以氯气作为氧化剂,所用的光为紫外线。通过紫外线实现对氧化剂的分解,同时加速对污染物的氧化。由于波长的差异,不同的光对有机物的作用也是不同的,因此,需要选用那些具有特殊作用的紫外线灯,将其作为光源,实现与氧化剂的联合使用。

这种方法的优势较为明显:一是具有极强的氧化功效;二是不会产生污泥;三是具有较广的适用范围;四是可以实现对废水的深度处理;五是所有设施设备较为紧凑;六是无须较大的面积空间。该法的高效使用,可对绝大部分的染料实现脱色处理,仅有很少的分散染料难以达到预期脱色效果。由相关数据可知,其脱色率可高达90%以上。

3. 电解法

该法是在外部电流加持下,通过一系列化学反应,将电能转化为化学能,从而实现对废水中有害杂质的电解,达到有效去除的目的,由此所形成的一种电解转化方法。

该法通常被用于含有氰、铬元素的电镀废水处理中,由于成效显著又被应用于其他领域,最近几年才被引入纺织印染废水治理中,但由于应用时间较短,经验较为匮乏,因此仍未全面推广。研究发现,该法可实现良好的脱色效果,特别是对于那些含有活性、媒染、硫化及分散类染料的废水,脱色效果更佳,甚至可高达90%,对含有酸性染料的废水也可以实现70%的脱色率。由于该方法所用设备较为简单,管理便捷,脱色效果明显,其也是废水产出量较少企业的首选。工程领域主要运用固定床电解法,取得了良好的脱色效果。但电解法也有其自身的弊端,如用电量巨大、耗费电极过多、无法应用于水量较大的情形。作为一种深度脱色手段,通常将其置于生物处理之后,对 COD_{cr} 的清理率可达 20%～50%,使废水色度下降至 1/50 以下。

如果废水浓度较低,以电解法便可实现达标处理时,只需设置相应设施即可。该法可清理掉 40%～75% 的 COD_{cr}。

电解法的特点如下:

(1)反应灵敏快捷,脱色功能显著,污泥产出量小。

(2)可在常规环境中操作,易于管理,容易实现智能化转型。

(3)在污水浓度出现变化的情况时,可及时调控电流与电压,确保出水水质具有良好的稳定性。

(4)整个流程用时较短,设备容积有限,所占面积较小。

(5)以直流电为动力,电能和电极消耗量巨大,是小型废水处理的优选。

4. 活性炭吸附法

活性炭吸附技术在国内用于医药、化工和食品等工业的精制和脱色已有多年历史,20 世纪 70 年代开始用于工业废水处理。生产实践表明,活性炭对水中微量有机污染物具有卓越的吸附性,它对纺织印染、染料化工、食品加工和有机化工等工业废水都有良好的吸附效果。一般情况下,对废水中以 BOD_5、COD_{cr} 等综合指标表示的有机物,如合成染料、表面活性剂、酚类、苯类、有机氯、农药和石油化工产品等,都有独特的去除能力。所以,活性炭吸附法已逐步成为工业废水二级或三级处理的主要方法之一。

吸附是一种物质附着在另一种物质表面上的过程,是一种界面现象,其与表面张力、表面能的变化有关。引起吸附的推动能力有两种,一种是溶剂水对疏水物质的排斥力,另一种是固体对溶质的亲和吸引力。废水处理中的吸附,多数是这两种力综合作用的结果。活性炭的比表面积和孔隙结构直接影响其吸附能力,在选择活性炭时,应通过试验并根据废水的水质确定。对印染废水宜选过渡孔发达的炭种。此外,也受到灰分的影响,灰分越小,吸附性能越好;吸附质分子的大小与炭孔隙直径越接近,越容易被吸附;吸附质浓度对活性炭吸附量也有影响,在一定浓度范围内,吸附量是随吸附质浓度的升高而增大的。另外,还受到水温和 pH 的影响,吸附量随水温的升高而减少,随 pH 的降低而增加。故低水温、低 pH 有利于活性炭的吸附。

活性炭吸附法较适宜水量小、一般的生化与物化方法处理不能达标时的深度处理。其优点是效果好,缺点是运行成本高。

第一章　印染废水的物理处理法

第一节　水质水量调节法

通过运用物理处理法,可实现对废水中固体物及不溶性悬浮物的脱离,因此,又将物理处理法称为机械治理法。该方法常用的处理手段有三种:一是调节池。二是格栅。三是沉淀。这种方法的优点是操作简单、易于实现、成本较低、效果明显。

在印染过程中,水质、水量均会产生较大变化,同时还会形成大量悬浮物和漂浮物。受到这些因素影响,处理设备无法高效运行,甚至受到严重阻滞,因此,必须设置科学合理的调节池,实现对水质、水量的有效调节。

一、调节池

调节池指的是可对印染废水水质、水量进行管控和调节的构筑物。以调节目的为依据,可将调节池分为三种类型:一是水质调节型,二是水量调节型,三是同时调节型。除此之外,还可在池内设置搅拌及预曝气系统,有效减轻后续水处理压力,减小处理难度。

调节池的作用和功效如下：

（1）可有效缓解污水处理压力，以免处理系统负荷出现两极变化的情况。

（2）缓解进水流量波动，确保注入化学药品过程的匀速和稳定，形成与加料设备适应的有效匹配。

（3）有效管控污水的 pH 水平，保持水质处于良好的稳定状态，以免化学药品出现浪费的情况。

（4）以免高浓度有毒物的进入。

（5）确保污水的持续注入，以及处理系统的有序运转，使之不受工厂及其他系统的影响。

二、调节池的构造

（一）水量的调节

在处理印染废水过程中，针对水量的调节通常采取两种方式，即线内调节和线外调节，具体如图 1.1 和图 1.2 所示。前者利用重力流实现进水，同时用水泵进行排水；后者则将调节池设于旁路，只有污水流量过大时，富余污水才用水泵提升到调节池，过低时则由调节池回流至集水井，然后进行进一步的处理。

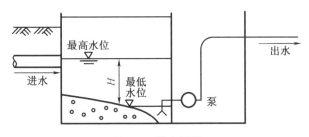

图 1.1　线内调节

通过对上述两种方式的比较可以看出，调节池的设置不会受限于进水管的高度，但需要对调节水量实施两次提升，所需的动力也是巨大的，动能耗费较大。

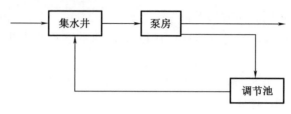

图 1.2　线外调节

(二)水质的调节

调节池主要是为了及时有序地混合各类废水,确保其流出水的水质较为均衡,因此调节池又被称为均和池或匀质池。

其工作原理如下:在各式各样的调节池中,通过设置相应机械设备,或者利用水流长度的差异,实现对各种印染废水的有机混合,确保进入水池内的废水水质呈现较为均匀的状态。

通常而言,调节池的样式有矩形、方形、圆形等。

从水质调节的实现方式来看,主要有外加动力式和差流式两种。

(1)外加动力式。外加动力式指的是通过外部机械设备提供动力,如叶轮、水泵、压缩空气等,从而实现对水质的强行调节。可以看出,这种方式具有设备简单、运行稳定、效果良好的优点,但也存在费用过高这一不足。

图 1.3 便是一种以压缩空气为外加动力的水质调节池,在调节池的底部设置爆气管,通过压缩空气的搅拌,实现对各类污染废水的及时混合。它具有构造简单、效果优良、免于沉淀的优点。如果废水中溶解了易于挥发的有害物质,则不能使用这种调节池,宜采用叶轮式搅拌方式。

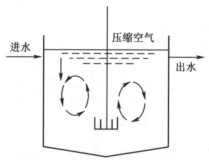

图 1.3　外加动力式水质调节池

（2）差流式。差流式指的是通过印染废水自身所具有的水流力,形成相应水力作用,实现对各种浓度、各个时间段流入废水的调节。这种方式无须任何运行费用,只是设备的设计建造较为复杂。这种调节池主要有两种类型,即对角线式调节池和折流式调节池。

①对角线式调节池。这一类型的调节池主要是将出水槽设置于水池的对角线方向(图1.4)。废水可同时从左右两边入池,在池中混合一段时间后流出,从而确保出水槽中的混合废水可以在各个时间段流出,以保证各个时间段、各种浓度的废水,在入池后可以实现自动调匀。为了有效避免废水在池内短路情况的出现,需要在池内设置多块纵向隔板。如果废水中的悬浮物出现沉淀的情况,还需要在池内设置若干沉渣斗,以确保沉淀的悬浮物能够及时通过排渣管实现外排;如果调节池具有很大的容量,同时沉渣斗数量较多,那么极易导致管理出现问题,这种情况下可以将调节池的底部抹平,通过压缩空气的搅拌免于悬浮物的沉淀。压缩空气的流速通常在 $1.5 \sim 3\ m^3/(m^2 \cdot h)$,合理的调节池水深一般在1.5~2 m,设置纵向隔板时所需的间距为1~1.5 m。

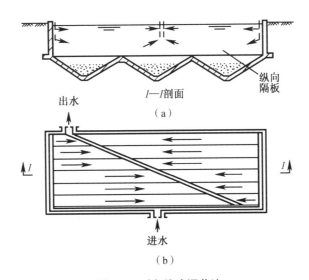

图 1.4 对角线式调节池

当调节池为堰顶溢流出水模式时,只可实现对水质的调节而无法调节水量;如果要求构筑物同时拥有这一功能,则需调节池具备随机上下波动水位的功能,从而实现对盈余水量的有效存储,并能够及时补充短缺水量I。

②折流式调节池。图1.5展示了折流式调节池的构造情况,室内设有多个折流隔墙,废水通过时可以来回折流,从而实现更加充分、均衡的混合。同时还设有折流调节水槽,利用其空口溢流装置,实现对废水的有机调配,使之调节至池内的各个位置。池内废水的初始流量通常为 1/3~1/4 的水平,所剩流量可由各投配口实现均匀流入。

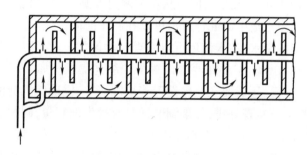

图1.5 折流式调节池

无论是外加动力式还是差流式,只能对水质进行调节,而无法调控水量,如需实现对水量的调节还需要进行另外的设计。

三、调节池的设计计算

针对调节池的设计计算,通常面向以下两个方面:一是明确容器和尺寸;二是确定搅拌方式。具体如下。

1. 明确容器和尺寸

主要参考以下三个方面:

(1)废水浓度变化情况及其规律与表现;

(2)废水流量变化情况及其规律与表现;

(3)废水应达到的调和度。

通过了解上述情况后,如果废水浓度并未出现周期性变化,则按照最为不利的情形进行计算,也就是其浓度和流量达到最高值的时候。针对一般的调节池,应按照 6~8 h 的废水流量计算初起容积,当水质水量出现大幅变化时,则按照 10~12 h 的流量予以计算,甚至以 24 h 的流量加以计算。随着调节时间的加长,所得的废水水质也会更加均匀。

如果废水浓度存在周期性变化的情况,那么可将一个变化周期作为其停留调节池中的时长。

2.确定搅拌方式

为实现废水的有效混合,最大限度地减少或避免悬浮物出现沉淀的情况,还应在调节池中设置相应搅拌设备,常用的搅拌方式有以下几种:

(1)水泵强制循环搅拌。将穿孔管埋置于调节池的底部,使其连通水泵压水管,以压力水为动能进行搅拌。这种方式非常简便,易于实现,但需要较大的动能予以维持。

(2)空气搅拌。将穿孔管埋置于调节池的底部,使其连通鼓风机空气管,以压缩空气为动能进行搅拌。这种方式可以获得良好的搅拌效果,还可以实现预曝气成效,但所需的成本支出较为高昂,如果废水中含有易挥发性污染物,极易导致二次污染的产生。

(3)机械搅拌。将机械搅拌设备置于调节池内实现的搅拌。机械搅拌的方式分为三类:一是桨式搅拌,二是推进式搅拌,三是涡流式搅拌。采用这种方式可以获得良好的搅拌效果,但由于设备一直浸于废水中,因此极易被腐蚀,同时所需的运营成本也较为高昂。

(4)水力搅拌。这是以废水水流自身作为动能实现的一种搅拌方式,从而实现对不同浓度废水的有效混合。采用这种搅拌方式很难获得良好的搅拌预期,但无须机械设备,所需的动能较为有限,同时管理更加方便快捷,因此得到广泛应用和推广。

第二节 格 栅

由于印染废水中存在大量的漂浮物和悬浮物,长期累积后必然堵塞水泵、管道等,因此必须对其进行预处理,在先期处理中予以清除。

格栅是有效截流这些物质的处理设施,它其实就是一组设置为平衡状态的金属棒或栅条,由此形成一个框架结构,通常将其置于污水管道、泵房集水井的进口位置,也常出现在污水处理厂的前端,从而有效截流废水中存在的较大漂浮物和悬浮物,以免相关设施设备出现堵塞的情况,同时缓解后续处理的压力。这些被截留的物质便是栅渣。

一、格栅的种类和规格

以构造的差异性为依据,可将格栅设备分为两类,即格栅和格网。

格栅是一组被设置为平衡状态的金属棒或栅条,由此形成一个框架结构,通常将其置于污水管道、泵房集水井的进口位置。针对印染废水进行处理时,虽然格栅并未作为主体设备,但由于其所处位置较为关键,因此发挥的作用也是不可忽视的。

根据不同的分类标准可对格栅进行不同的分类。

1. 根据栅条形状分类

根据栅条形状可将格栅分为两类:一是平面格栅,二是曲面格栅。

(1)平面格栅。它由两部分构成:栅条和框架。根据构成形式又可分为A型和B型,前者的栅条置于框架之外,后者的栅条则置于框架之内。当栅条长度超过 1 m 时,还需添加横向肋条。

具体参数如下:长(L)、宽(B)、间距(e)、与外框的距离(b)。

型号:PGA—$B×L$—e(A 型)、PGB—$B×L$—e(B 型)(图 1.6)。

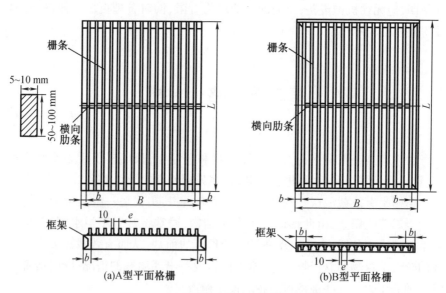

图 1.6 平面格栅两种基本形式的示意图

(2)曲面格栅。这类格栅又可分为两种类型:固定式和旋转鼓筒式,具体结构如图 1.7 所示。

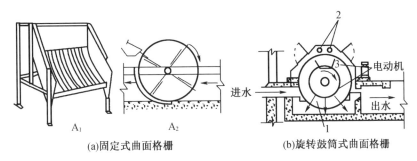

(a)固定式曲面格栅　　　　　　　(b)旋转鼓筒式曲面格栅

1—鼓筒;2—冲洗水管;3—渣槽;A₁—格栅;A₂—清渣浆板。

图1.7　固定式曲面格栅和旋转鼓筒式曲面格栅结构图

2. 根据清渣方式分类

根据清渣方式,可将格栅分为人工式格栅和机械式格栅两大类。

(1)人工式格栅。这种类型的格栅(图1.8)通常用于对小型污水企业的处理站,由于需要截留的污染物较为有限,仅将其用于废水量较少或污染物含量较低的情形。为提高清理质量和效率,通常将格栅呈45°～60°排放,虽然易于清理,但占地面积过大。至于栅条间的距离,则应根据悬浮物的含量进行相应设置。

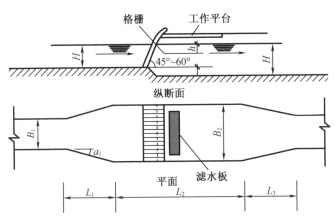

图1.8　人工式格栅的结构示意图

(2)机械式格栅。如果截留栅渣量超过 0.2 m³/d 的水平,则需要引入机械清渣格栅,从而更好地优化劳动卫生条件。这里格栅通常呈60°～80°排放,根据实际所需也可以将其设置为90°。

根据机械式格栅的灵活性可将其分为固定型和活动型两大类,前者所截留的栅渣通常采取机械处理方式予以清除(图1.9);后者所截留的栅渣通常采取链条式处理方式予以清除(图1.10)。

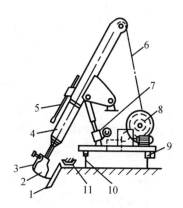

1—格栅;2—耙斗;3—卸污板;4—伸缩臂;5—卸污调整杆;6—钢丝绳;
7—臂角调整结构;8—卷扬机构;9—行走轮;10—轨道;11—皮带运输机。

图1.9 移动式伸缩式格栅

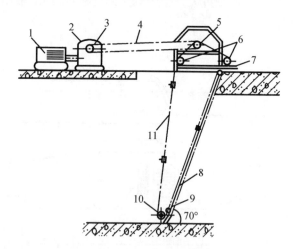

1—电动机;2—减速器;3—主动链轮;4—传动链条;5—从动链轮;
6—张紧轮;7—导向轮;8—格栅;9—齿耙;10—导向轮;11—除污链条。

图1.10 链条式格栅

3.根据格栅栅条间净间距分类

根据格栅栅条间净间距分类,可将格栅分为粗、中、细三类,栅条间的净

32

间距分别为 40~100 mm、10~40 mm、3~10 mm。

格网作为一种细化处理装置,是用金属丝编织而成的一种网状结构,将其固定于金属框架中,通常设于格栅之后,以实现对细小物质的截留,如棉、毛绒短纤维。按照网格大小可将其分为粗、细两类,各自的孔眼直径如下:

粗网 $d \geqslant 6$ mm;细网 $d < 6$ mm。

二、格栅的选择

1. 栅条间隙的设置

如果将格栅前置,也就是在废水处理系统之前,则易于采取机械式格栅,各个栅条间的距离应设置为 16~25 mm;当采取人工式格栅除渣时,应将各栅条间的距离设置为 25~40 mm;如果将格栅放在水泵之前,那么各栅条间的距离应该按表 1.1 所示设置。

表 1.1　污水泵型号与栅条间隙的关系

污水泵型号	栅条间隙/mm	栅渣量/[L/(人·d)]
$2\frac{1}{2}$PW,$2\frac{1}{2}$PWL	≤20	4~6
4PW	≤40	2.7
6PW	≤70	0.8
8PW	≤90	0.5
10PWL	≤110	<0.5

2. 栅条端面形状与尺寸的设置

设置栅条端面形状与尺寸时应参考表 1.2 中的数据,从中可以看出,采取圆形端面时,其栅条会产生良好的水利条件,更易于水流通过,但也存在刚度较差、极易堵塞等问题,尤其是纤维、布片等紧缠于栅条上时,很难予以清除;采用矩形端面时,其栅条会形成较大的刚度,通常不会发生堵塞的情况,同时也易于维护和清理,但由此也会导致过栅水头损失严重。所以,采用矩形的端面在处理纺织印染废水时更具优越性,因此得到广泛应用。

表 1.2   栅条端面形状与尺寸

栅条端面形状	尺寸/mm	栅条端面形状	尺寸/mm
正方形		矩形	
圆形		带半圆的矩形	

3. 清渣方式的设置

选用和设置清渣方式时,通常会以具体的清渣量为依据。如果日均栅渣产生量超过 0.2 m³ 时,则宜于采用机械格栅清渣方式。小型污水处理站通常会采取这种方式,以便优化劳动卫生条件。

为便于及时高效地实现清渣,人们引入了机械格栅清渣机,并根据实际所需设计生产了诸多类型,各类型机械情况、使用范围及优缺点见表 1.3。

表 1.3   不同类型机械格栅清渣机的比较

类型	使用范围	优点	缺点
链条式	深度不大的中小型格栅,主要去除废水中的长纤维、带状物等杂物	构造简单,制造方便,占地面积小	杂物进入链条和链轮之间容易卡住;套筒滚子链造价高,耐腐蚀性差,可移动伸缩
机械式	中等深度的宽大格栅,耙斗式	不清渣时设备全部在水面上,维护检修方便,可不停水检修;钢丝绳在水面上运行寿命长	需配 3 套电动机、减速器,构造较复杂;移动时齿耙与栅条间隙的对位较困难

34

表 1.3(续)

类型	使用范围	优点	缺点
圆周回转式	深度较浅的中小型格栅	构造简单,制造方便,动作可靠,容易检修	配置圆弧形格栅,制造较难,占地面积大
钢丝绳牵引式	固定式,适用于中小型格栅;深度范围广,适用于宽大格栅	使用范围广,无水下固定部件的设备,维修方便	钢丝绳干湿交替,易腐蚀,需采用不锈钢丝绳;有水下固定部件的设备,维修时需停水

三、格栅应用时的注意事项

针对格栅的安装与操作,需注意以下几点:

(1)及时、全面清理格栅上的截留物,确保废水的顺畅流经,保证水流横断面发挥应有的作用。

(2)为有效预防回流情况的出现,需要压低格栅后渠底,压低的幅度应不低于水流通过格栅所造成的水头损失。

(3)如果机械格栅为间歇式操作模式,可采取定时操控的方式,实现对其运行的管控,也可以依据格栅前后渠道的水位差,动态设置格栅的高度。

四、格栅的设计

1. 各指标参数

栅前流速:通常保持在 0.4~0.8 m/s;

过栅流速:通常保持在 0.6~1.0 m/s;

过栅水头损失:通常控制在 0.2~0.5 m;

栅渣量:一般在 0.1~0.01 $m^3/10^3$ m^3;

栅渣含水率:一般为 80%;

栅渣容重:常为 750 kg/m^3。

2. 设计内容

根据尺寸、水力、栅渣量以及清渣机械情况加以选择,通过对以上指标数据的计算,可得出结果。格栅结构计算如图 1.11 所示。

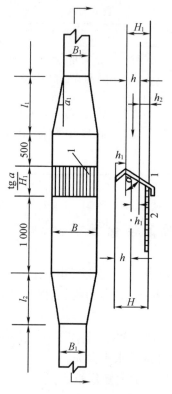

1—栅条;2—工作平台。

图 1.11　格栅结构计算图

第三节　沉　　淀

一、沉淀的意义

此处的沉淀指的是通过相应技术和设备,同时利用重力作用,将废水中的悬浮物质分离出来,使其下沉至沉淀池底部,从而达到净化水质的目的。该方法具有简易便捷、操作性强、分离效果佳的优点,非常适宜对印染废水的处理。

36

沉淀池指的是用于实现沉淀目的的构筑物,可将其分为以下几类:一是预沉池;二是初次沉淀池;三是二次沉淀池。前两类通常设于生物处理构筑物之前,最后一类则设于生物处理构筑物之后。所处位置的差异也决定了它们作用的不同。

(1)前两类主要是为了缓解后续生物处理构筑物的运行压力,实现对印染废水的初步处理。

(2)二次沉淀池通常置于化学处理和生物处理之后,主要是从废水中清除污泥、化学沉淀物和生物膜,实现进一步净化和澄清。

印染废水的沉淀,通常采用以下类型的沉淀池:平流式、竖流式、辐流式及斜板式。

二、沉淀的类型

废水中所含悬浮物的差异,使得沉淀现象也形成相应不同。以悬浮物的性质、浓度及絮凝性等为依据,可将沉淀做出如下分类。

1. 自由沉淀

当废水中所含的悬浮物浓度较低,而固体颗粒又无凝聚性时,其沉淀颗粒仍然会保持原有的形状、尺寸和密度,不会产生黏合的情况,沉降速度较为均匀。这种情况通常发生于沉淀初期。

2. 絮凝沉淀

当废水中所含的悬浮物浓度较低,同时固体颗粒又有黏度时,其沉淀颗粒会发生凝聚或絮凝反应,有时会增大颗粒质量,导致颗粒加速沉淀。这一过程又被称为絮凝沉淀。

3. 拥挤沉淀

当废水中的悬浮物浓度较高时,沉淀中便会产生颗粒相互干扰的情况,从而形成明显的分层,清水与浑水分界明显,并缓慢下移,这种沉淀又被称为成层沉淀。这种情形通常出现在活性污泥法后期的二次沉淀池中,也会产生于污泥浓缩池中的初期阶段。

4. 压缩沉淀

废水中所含有的悬浮物浓度极高,在其沉淀时悬浮颗粒之间便会紧密接触并形成压缩,下层颗粒不断挤压,致使部分液体渗出,固体颗粒进一步浓缩。这种情形通常出现于浓缩池中。

三、沉淀池的构造及类型特征

由前述可知,依据水流方向的差异可将沉淀池分为四类。用于沉淀池的结构和功能也存在一定的差异性,据此可将其分为五个部分:一是进水区;二是出水区;三是沉降区;四是污泥区;五是缓冲区。根据排泥方法的不同,沉淀池又可分为静压力法和机械法。

通过沉淀池内的静水位实现对污泥的排出,这种方法便是静压力法。此法对排泥管直径提出了相应要求,必须在 200 mm 及以上,将其底部插入污泥斗内,而上部则在水面以上,以便于清理通顺。不同类型的沉淀池所需的静水水头也不一样,初沉、二沉类沉淀池所需的静水水头分别为 1.5 m 和 0.9 m。为确保池底污泥顺利滑入污泥斗,还需在池底设置一定的坡度,通常在 0.01~0.02。

以链带式刮泥机为动力,利用其刮板将池底污泥徐徐推入泥斗内,此时需要对推速做出相应掌控,一般为 1 m/min。刮板移动至水面时,也会将浮渣推入浮渣槽中。由于刮泥机长期浸泡在废水中,其零部件极易被腐蚀,因此加大了维修难度。

1. 平流式沉淀池

这一类型的沉淀池通常为长方形,废水会从流入口进入池中,然后从流出口排出,如图 1.12 所示。

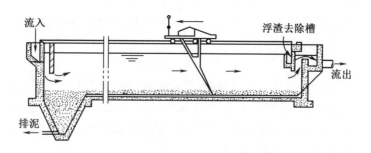

图 1.12　平流式沉淀池

依据沉淀池各部分功能的差异,可将其分为五个部分。各部分功能作用及设置如下。

(1)流入区。流入区主要是为了确保废水匀速流过沉降区,并进入常用潜孔。出于减弱污水流动能量、增进其均衡性的目的,需要在潜孔之后设置挡板。该挡板应略高于水面,通常会高出水面0.1~0.15 m,同时其底部应浸没水面下至少0.25 m,还要与进水口之间拉开0.5~1.0 m的距离。

(2)流出区。流出区通常设置相应流出装置,一般为自由堰式结构,溢流堰可实现对池内水面高度的有效管控,也会明显影响水流分布情况,特别是对水流均匀度产生直接影响,所以对其安装时需要符合相关规定要求及具体需求。

针对溢流堰负荷极值的设置,应根据不同类型沉淀池的特点和需要,对初次和二次两类沉淀池分别设值,即2.9 L/(m·s)和1.7 L/(m·s)。为减轻堰体负荷,优化出水水质,常采取多槽沿程布置的方式予以设置。据此,需将锯齿形三角堰水面设置在齿高的1/2处,如图1.13(a)所示。为更好地适应水流变化情况,还需要设置相应调节装置,该装置应设于堰口处,并能够上下移动,同时还要确保堰口与其保持在水平状态,以免浮渣随水流出,并使其安放于距溢流堰0.25~0.5 m的位置,具体如图1.13(b)所示。在该溢流堰之前还应设置相应挡板或浮渣槽,其中挡板上端应超出池内水面0.1~0.15 m,下端应浸没于水面0.3~0.4 m以下。

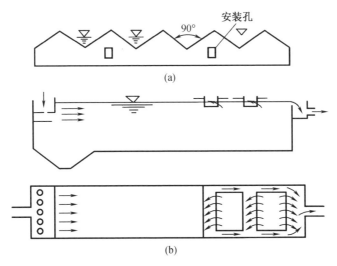

图1.13　溢流堰及多槽流出装置

(3)沉降区。沉降区主要功能是实现沉降颗粒与废水的分离。

(4)污泥区。污泥区主要是存放和排出污泥,为此,还设置了一个污泥斗,将其置于沉淀池前端,同时还在池的底部设置了相应坡度,一般以

0.01~0.02为宜。当泥斗内存储了一定量的污泥后，经由排泥管实现外排，而直线外排的方法主要有两种：一是静压力法；二是机械法。前一种方法需要的静压力应不低于11.3 kPa的水平，同时排泥管直径必须在200 mm及以上。为确保泥斗及池内底部污泥不会再次上浮，在沉降区与污泥区之间，会形成一个分隔层，我们称之为缓冲区，这一区域的厚度通常在0.3~0.5 m。

在没有机械刮泥设备的情况下，需要将沉淀池设置为多斗式，可设有多个储泥斗，每个储泥斗都单独安排相应排泥管，每根排泥管都相互独立，不会受到干扰，以确保污泥浓度。

如果沉淀池为平流式，通常将沉降区水深设置为2~3 m，污水在这一区域内平均停留时长为1~2 h，而该区域的表面负荷将达到1~3 m³/（m²·h）的程度，污水的水平流速通常不会超过5 mm/s。为确保污水更加均衡地存在于池内，还需要合理设置沉淀池的长宽比，通常以4~5最为合适。

这种类型的沉淀池具有自身鲜明的优点，如沉降区面积较大，沉降效果明显，成本支出较低，能够更好地适应无水流量等。但其也存在一定缺点，即所用面积过大，难以顺利排泥。

2. 竖流式沉淀池

当这种类型的沉淀池呈现于平面图上时，通常会表现为圆形或正方形。在沉淀池的中心位置设有流入管，废水便通过此处进入沉淀池，流动至沉降区后，其运动方向为上下竖向流动，然后从沉淀池顶部周围四散流出（图1.14）。图中的椎体结构位于池底，是一个储泥斗，其倾角通常为45°~60°，以静水压力法实现排泥。

这一类型的沉淀池通常将其直径或边长设为4~7 m，不能超过10 m。废水在沉降区的上升速度应控制在0.5~1.0 mm/s，所需的沉降用时通常为1~1.5 h。为确保水流实现垂直流动，需要沉降池的直径与其沉降区深度保持在合理的比例，通常设置为3及以下水平。废水在中心管内的流速应控制在0.03 m/s及以内；如果设有反射板，则应控制在0.1 m/s。

针对不同类型的沉淀池，应设置不同容积的污泥斗。如果是初次沉淀的沉淀池，应以48 h的污泥存储量进行计算；如果是运用活性污泥法后而用于沉淀的二次沉淀池，则应以2 h的污泥存留量加以计算。

竖流式沉淀池具有自身的鲜明优势：更易于实现排泥，无须机械刮泥设备，所用面积较小。同时也存在一定的缺点：所需成本较高，垂直深度过大，单池容量过小，建设难度较大。因此，小型污水处理厂更适宜于采用这类沉淀池，以实现对有限水量的处理。

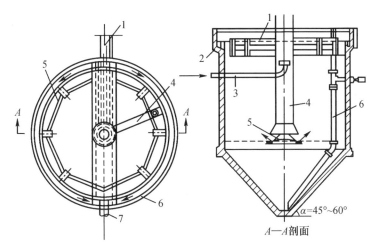

$\alpha=45°\sim60°$

$A—A$剖面

1—挡板;2—流出槽;3—进水管;4—中心管;5—反射板;6—排泥管;7—出水管。

图1.14　圆形竖流式沉淀池

3. 辐流式沉淀池

这种沉淀池为圆形,通常直径较大,为20～30 m,深度较浅,中心位置一般为2.5～5 m,周边位置为1.5～3 m。直径与池深间的比例通常为4～6。废水通过沉淀池的中心管流入,然后经穿孔挡板实现辐射式流动,向池子周边四散流去,流动速度也会越来越慢。沉淀池周长较大,导致其出口位置的出流堰口难以实现对水流的统一管控,因此会用到锯齿型三角堰或淹没溢孔,以确保水流的均匀性。

这类沉淀池一般采用机械刮泥法,使污泥聚合于池中央的泥斗中,然后在静压力或泥浆泵的作用下,将污泥排出。如果沉淀池的直径小于20 m,一般会采取方形多斗排泥的方法,污泥会自动进到斗中,在静水压力下实现排出,每个泥斗都设有单独的排泥管,普通辐流式沉淀池如图1.15所示。

这种沉淀池的优点主要表现在:池内容量较大,运用机械排泥法,具有良好的运行质量和效率,管理简便易行。但也存在一定的缺点:废水在池中的流速缺乏稳定性,排泥设备过于复杂,成本投入过大。通常会用于水量较大的处理环境中。

4. 斜板(斜管)式沉淀池

(1)浅池沉淀理论。这一类型的沉淀池是基于浅池沉淀理论建造的(图1.16),无须过深的垂直高度,可进一步缩减沉降用时,因此,在缩减体积的同时,还可以提升沉降效率。

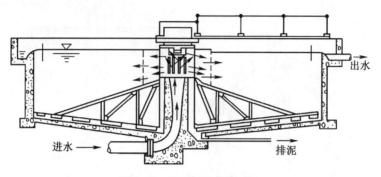

图 1.15 普通辐流式沉淀池

通常将这类沉淀池的长度设为 L，深度设为 H，水体流速设为 v，颗粒沉降速度设为 v_0，理论算式为 $L/H = v/v_0$。

从中可以看出，当 L、v 为固定值时，H 越小，滤除沉淀的功能就越强，过滤出的悬浮物颗粒也就越小。如果设置有水平隔板，还可对 H 进行三等分，将水深分为三层，各层深度均为 $H/3$，如图 1.16(a) 所示；如果 v_0、v 为固定值，那么 $L/3$ 便可滤除沉降速度为 v_0 的颗粒，也就是沉淀池总容积缩减 1/3，仍然不会影响沉淀效果。当 L 固定时，如图 1.16(b) 所示，其池深为 $H/3$，那么污水的水平流速可增至 $3v$，这种情形下仍可滤除掉沉速为 v_0 的颗粒，同时还可以提升 3 倍的处理能力。因此，如果将沉淀池分为 n 层，其沉淀能力也会相应提升 n 倍，该理论便是浅池沉淀理论。

(2)斜板(斜管)式沉淀池。这类沉淀池主要是为了有效排除沉淀池内的污泥，在运用浅池沉淀理论时，需要将水平隔板设置为 α 的角度，α 的取值范围通常为 50°~60°。池内的水平沉淀面积便是斜板(斜管)的全部有效面积与 $\cos \alpha$ 的乘积，如图 1.16(c) 所示。

依据水流方向的不同，可将废水流向分为三类，即上向流、平向流和下向流。斜板(斜管)沉淀池中仅存在两类废水流向，即上向流和下向流。

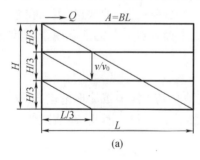

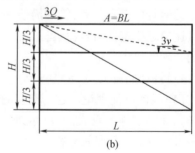

(a)   (b)

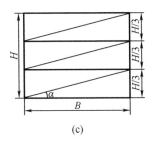

(c)

图 1.16　浅池沉淀原理

通过图 1.17 可以看到异向流斜板式沉淀池的结构。其长度一般设置为 1~1.2 m,角度为 60°,出于提高沉淀效率的目的,可进一步细密斜板间距,但为了方便施工安装、加快排泥速度,板间垂直间距又不能过于细密,通常设置为 80~120 mm,斜板间距一般为 100 mm,斜管直径多为 25~30 mm。为确保沉淀的污泥不会再次浮出,应将缓冲层设置为 0.5~1.0 m。

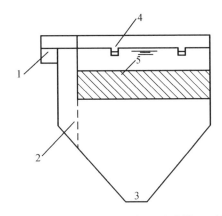

1—进水槽;2—布水孔;3—污泥斗;4—出水槽;5—斜板。

图 1.17　异向流斜板式沉淀池

这类沉淀池的水流几乎处于层流状态,更利于实现沉淀,同时还扩大了沉淀面积,缩短了沉淀用时,明显缩减了污水留存时长,初次沉淀只需 30 min 左右。因此,与一般沉淀池相比,斜板(斜管)式沉淀池具有更强的沉淀能力,同时所需面积较小。但它也存在一定的缺陷,即成本支出过大。由于日光的长期照射,会在斜板(斜管)上部滋生大量藻类,污泥量不断增多,极易出现板间积泥的情况,这种类型的沉淀池难以有效处理黏性较大的泥渣。

从材料使用情况来看,斜板(斜管)必须质量轻、坚固耐用、没有毒害性、价格低廉,因此,薄塑板、玻璃钢等得到广泛应用。

四、沉淀池池型和设计参数的选择

各类型沉淀池的特点及适用条件见表1.4。

表1.4 四种沉淀池性能比较

池型	优点	缺点	使用材料
平流式	沉淀效果好,对废水量和温度的变化适应能力强,施工简易,造价低,处理水量不限,适合地下水位高及地质较差地区	占地面积大,排泥较困难,池子配水不易均匀	砖石、混凝土或钢筋混凝土
辐流式	适用地下水位较高的地区及大型处理厂	机械排泥较复杂,施工质量要求高	钢筋混凝土
竖流式	排泥方便,管理简单,占地面积小,适于中小型处理厂	池子深度较大,施工较困难,对废水量和温度的变化适应能力差	钢筋混凝土
斜板(斜管)式	去除率高,占地面积小,适于小型废水处理厂	排泥困难	钢筋混凝土,斜板(斜管)为聚乙烯材料

五、提高沉淀池沉淀效果的有效途径

沉淀池是废水处理工艺中使用最广泛的一种水处理构筑物,但实际运行资料表明:无论是平流式、竖流式还是辐流式沉淀池,都存在着去除率不高的问题,通常沉淀时间在1.2~2 h,悬浮物的去除率只有50%~60%(二沉池除外)。除了可以用斜板(斜管)式沉淀池提高沉淀池的分离效率和处理能力外,还有如下方法:

(1)通过投加混凝剂,改善废水中悬浮物的物理性质,增加悬浮物的凝聚性能。

（2）采用预曝气的方法，使废水中的细小颗粒间相互作用，产生自然絮凝，可使沉淀效率提高5%~8%。这种方法一般在沉淀池前端设置调节池，池内采用空气搅拌。

（3）采用剩余污泥投加到入流废水中，利用污泥的活性，产生吸附与絮凝作用。这一方法在国内外已得到了广泛应用。采用这种方法，可以使沉淀效率比原来的沉淀池提高20%~30%，活性污泥的投加量一般为100~400 mg/L。

第二章 印染废水的化学处理法

第一节 中 和 法

当酸性物质与碱性物质产生反应时便会生成盐和水,这一变化过程就是中和反应。将这一原理应用于废水处理中,可有效清理其中富余的酸和碱,并使其 pH 达到或接近中性水平,因此这种方法被称为中和法。

通常情况下,印染废水具有碱性,其 pH 大多在 9~12,必须对其实施中和处理,确保其 pH 符合后续处理要求。如果查后续处理中采用生物处理法,那么 pH 必须保持在 10 以内的水平;如果采取化学混凝法,则需要以混凝剂等电点及废水排放标准为依据,对 pH 加以调节。

一、中和法的基本原理

在酸性废水中加入氢氧根离子,使其与水中含有的氢离子产生反应;或者在碱性废水中加入氢离子,使其与水中含有的氢氧根离子产生反应,从而得到盐和水,实现对废水酸碱度的调节,这便是中和法的基本原理。

二、中和法的分类

无论是酸性废水还是碱性废水均可运用中和法。针对碱性印染废水的中和,通常采取三种方法:一是酸、碱废水直接中和法;二是加酸中和法;三是烟道气中和法。

1. 酸、碱废水直接中和法

如果印染厂既能排出碱性废水,又能排出酸性废水,同时两种废水的浓度相近,则可将它们直接倒入调节池中加以中和,可得 pH 为 6.5~8.5 的废水。

通过这种方式实现的中和无须投药,并且设备简单,易于管理。如果污水的水质、水量出现变化明显的情况,为确保良好的中和效果,通常会使用投药补充处理手段。

利用该法进行中和时,必须对调节池及流经管道实施防腐处理。通常以耐酸混凝土为原料进行浇筑,在池内铺设瓷砖,并用沥青玛蹄脂对所有缝隙实施填充抹平处理,总厚度达到 3 mm 左右。除此之外,还应对水管及搅拌设备采取相应防腐措施。

在采用中和法处理印染废水的过程中,仅会对其 pH 产生预处理效果,无法清理其他污染物。如果废水中含有硫化染料,利用中和法还会导致硫化氢的溢出,这种有毒气体会侵害人体健康、污染空气,基于此,实践中不会单独使用中和法,而通常会引入其他处理法,从而实现有机混合,提高应用质量和效率。

2. 加酸中和法

将相关酸中和剂直接倒入印染废水中实现的中和便是加酸中和法。工业硫酸和盐酸是最为常见的酸性中和剂。前者价格较为低廉,已经实现了广泛应用。运用这种方法通常不会产生沉渣,无须建造沉渣池,因此,已在印染废水处理领域得到普及。

具体处理流程如图 2.1 所示。

如果用酸量达到 10 kg/h 以上水平,则宜于采用浓硫酸(98%),可将其直接倒入反应池中。在这一过程中,硫酸在储酸槽泵作用下进入调节池,然后再在相应阀门管控下进入中和反应池。对于调节池容积的设计,应以日均用酸量为标准进行计算。

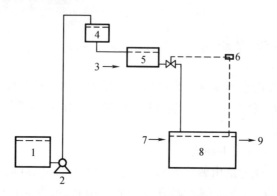

1—储酸槽;2—耐酸泵;3—压缩空气;4—计量泵;5—调节池;

6—酸度计;7—碱性废水;8—中和反应池;9—中和水。

图2.1　加酸中和处理印染废水的流程

如果用酸量较少,首先应对硫酸进行稀释,这一过程在调节池中进行,将硫酸浓度降至5%~10%的水平。调节池至少设置2个,以便于交替使用。设置硫酸储槽容积时,应以15~30 d的用酸量为标准进行计算和确定。

3. 烟道气中和法

由于烟道气中含有较高浓度的CO_2,可达到24%的水平,同时还存在各种酸性气体,如SO_2和HS等,因此,可以以此为原料实现对碱性印染废水的中和,以达到以废治废的目的。这一过程通常在喷淋塔中进行,如图2.2所示。

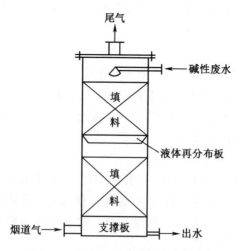

图2.2　烟道气中和碱性废水装置

从图 2.2 可以看出,印染废水由喷淋塔的顶部进入,而烟道气则从该塔的底部输入,在塔内不断上升,它们在填料层间相遇,烟道气在此间发挥中和和除尘的作用。碱性废水被输送至水膜除尘器上,成为一种喷淋用水,并与烟道气逆流接触,在这一过程中,会有机溶解烟道气中的 CO_2、SO_2 和 H_2S,从而实现中和;同时也会一并带出烟道气中的烟尘微粒,使这些微粒沉淀于池底。如此一来,不仅有利于稀释废水中的 pH,而且还可以有效去除烟道中的尘埃。

另外还可以经由池底部的穿孔管,将烟道气送入碱性废水池中,通过向上鼓泡实现中和,从而实现预期成效。

烟道气法的特点如下:

(1)既可有效降低废水中的 pH(由 10~12 降至 6~7),还有利于实现除尘,从而优化环境卫生。

(2)有利于清理烟道气中的粉尘,既可节约大量自来水,还可使沉淀物达到较高水平的含煤量,通过回收成为燃料,实现再次利用,有利于废水处理成本的管控,获得良好的经济和社会效益。

(3)当废水被烟道气中和后,会进一步增强其色度,提升耗氧量,增加硫化物含量,因此还需要对其实施深度处理。

(4)利用该法中和印染废水后,会导致废水温度的相应上升,不利于后续处理,因此在选用该法时需要综合考虑,慎重使用。

第二节　混凝处理法

近年来,随着印染后整理技术的持续提升以及化纤类纺织物的不断演变,越来越多的有机物融入印染废水,它们大多难以通过生化降解,由此增加了废水处理难度。此外,印染废水中还存在多种细微分散颗粒,以及各类胶体物质,特别是染料通常以胶体状态呈现,它们具有很强的稳定性,能够长期存在于废水中,沉淀法无法予以去除,不利于后续生物处理法的实现。因此,必须在生物处理环节之前,采取积极有效的措施,最大限度地去除这些胶体物质。

实践证明,混凝法能够有效去除印染废水中的胶体物质。将化学药剂投入废水中,以破坏胶体颗粒及难沉淀细小颗粒的结构,使他们丧失原有的稳定性,并分离或聚合为相应絮凝体,然后在对其予以清除。

该法既有利于清理水中复杂的有机物,也有利于提升污泥的脱水性。同时该法还具有易于维护、操作简单、掌控性强、设备简易、效果优良等优点,无论连续使用还是间歇运行,都可轻易实现以述目的。

一、胶体的特性与结构

1. 胶体的特性

(1)光学性。胶体颗粒融入水时可引起光的反射。

(2)力学性。胶体颗粒始终处于不规则运动状态,也就是其一直进行布朗运动。正是在这一特性作用下,胶体颗粒无法实现自然沉淀。之所以胶体颗粒始终处于不规则运动状态,主要是因为胶体颗粒被水分子包围,同时水分子又在不断地进行热运动,对胶体颗粒造成碰撞,它们的即时合力已无法完全抵消。

(3)表面性能。由于胶体颗粒体积微小,因此它的比表面积更大,可产生巨大的表面自由能,使之形成极强吸附力和水化功能。

(4)动电现象。这种现象通常表现为两种形式:一是电泳,二是电渗。它们均是由外加电位差引发产生的,在这种外部力量作用下,胶体溶液系统内固相与液相会出现相应位移的情况。电泳指的是胶体颗粒由于受到电场影响和作用,朝向某一电极运动的现象;电渗则是指有些液体通过胶体颗粒空隙实现渗透,并朝相反电极方向运动的现象。

透过电泳现象可以看出,胶体颗粒自带电能。在外加电场驱使下,如果胶体颗粒朝向阴极运动,说明其带有正电,反之则带有负电,黏土胶体通常带有负电。正因如此,胶体颗粒只能相互排斥,是无法聚合的。

2. 胶体的双电层结构

胶体主要由胶核、吸附层、扩散层三部分构成,具体如图 2.3 所示。

胶核位于粒子的中心位置,是胶体分子通过不断聚合形成的微粒,包含了数千个分散相固体物质分子。受到胶体吸附性的影响,在胶核周边存在一层带同性电荷的离子,从而形成电位离子层。出于确保胶体离子保持电中性的目的,受到静电引力的电位离子,会从溶液中吸附等同于自身总电量的、电性相反的离子,由此形成反离子层。

电位离子层与反离子层就构成了胶体的双电层结构。其中电位离子层构成了双电层的内层,其所带电荷称为胶体粒子的表面电荷,其电性和电荷数决定了双电层总电位的符号和大小。反离子层构成了双电层的外层,按其与胶核的紧密程度,反离子层又分为吸附层和扩散层,前者靠近电位离子,并随胶核一起运动,它和电位离子层一起构成了胶体粒子的固定层。这部分反离子又叫作束缚反离子。而反离子扩散层是指固定层以外的那部分反离子,它由于受电位离子的引力较小,因而不随胶核一起运动,并趋于向溶液主体扩散,直至与溶液中的平均浓度相等,所以这部分反离子又叫作自由反离子。吸附层与扩散层的交界面在胶体化学上称为滑动面。

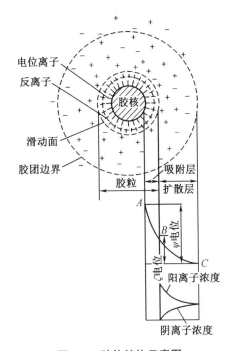

图 2.3　胶体结构示意图

当胶核与吸附层紧密结合成为一体时便是胶体颗粒,在此基础上,再与扩散层有机融合变成为电中性基团。胶体颗粒内部的电位离子数始终多于束缚反离子电荷数,因此它一直带有电荷,两者的差值便是其电量,同时它的电性与电位离子电性又是等同的。

由于胶核与溶液主体均带有一定的电荷,两者所形成的电位便是总电位(ψ电位)。同时,受到胶粒所剩电荷的影响,胶体颗粒与扩散层间会形成相应电位,这便是电动电位(或称 ζ 电位)。

某胶体中的总电位通常是固定的,难以有效测量,没有任何实际意义;

利用电泳和电渗可以算出 ζ 电位,该电位会受到外部诸多因素的影响,如所处环境的温度、自身 pH 水平,溶液中的反离子浓度。它们在水处理过程中发挥着重大作用。

任何一种胶体的总电位 ψ 均为固定值,其 ζ 电位却具有变化性。ζ 电位深受扩散层厚度的影响,引发胶体产生静电斥力,进而对胶粒间的吸引产生排斥作用。该指标值越高,说明胶体具有越高的稳定性。

基于以上阐述,胶体结构如图 2.4 所示。

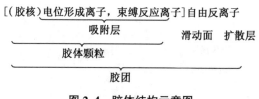

图 2.4 胶体结构示意图

3.胶体的稳定性与脱稳

当胶体颗粒以分散悬浮状态存在于水溶液时,这种特性便是其稳定性。该属性主要取决于以下三个要素:

(1)布朗运动。胶体颗粒成散布状态存在于水中时,受分子热运动的影响,会受到持续不断的撞击。如果胶体颗粒较大,它会受到更多方向和次数的撞击,足以实现平衡抵消,同时其质量较重,在重力加持下会出现自然下沉的情况。如果胶体颗粒很小,来自各个方向的水分子撞击也会非常有限,无法实现平衡抵消,同时由于其质量较轻,重力无法对其产生明显影响,从而导致胶体颗粒只能在水中处于无规则运动状态,也就是布朗运动。

在这种状态下,胶体颗粒获得了更多的碰撞机会,但仍然无法彼此吸附和聚合,不可能形成大的颗粒,重力下沉的可能性极小。由于这些胶体颗粒均带有同性电荷,它们之间会出现静电斥力现象,胶体颗粒间无法吸引和聚合。

(2)胶体颗粒间的静电斥力。作为具有相同属性的胶体颗粒,它们带有相同的电性,彼此间会产生静电斥力,无法相互接近,难以聚合为大颗粒;胶粒颗粒所携带的电性越多,它的 ζ 电位就越大、越稳定。

(3)胶体颗粒表面的水化作用。受到胶粒颗粒带电性的影响,其周边极性水分子会出现定向运动,并被吸引至胶体颗粒附近,从而产生一层水化膜,使得胶体颗粒间无法接触,这便是水化作用。随着这一作用的增强,所形成的水化层也就越来越厚,相应的扩展层也随之增厚,胶体颗粒的稳定性也就越强。

为增进胶体颗粒的沉降,必须破坏胶体的稳定性。以增强胶体颗粒间的吸附性,聚合为更大的颗粒,这一效果也可通过其他方法实现,如压缩扩散层、降低 ζ 电位等。

由于 ζ 电位的降低或消除,胶体丧失原有的稳定性,这种现象被称为脱稳。在这一过程中,胶粒之间会不断聚合以形成更大的颗粒,这种情形被称为凝聚。即便是胶体没有经过脱稳过程,也可聚合为较大的颗粒,这便是絮凝。由于化学药剂的功能作用存在一定差异,因此胶体的脱稳、凝聚或絮凝也会出现相应的差异性。

二、混凝的机理

混凝包括混合和絮凝两个过程。混凝的核心是絮凝。混凝过程包括四个机理。

1. 压缩双电层

胶体颗粒具有双电层结构,在胶体颗粒的不同位置,其反离子也会呈现不同的浓度,而浓度最大的位置则出现在胶体颗粒表面,以此为中心,越向外浓度越低,最后便等同于溶液中的离子浓度。如果对溶液实施电解质处理,那么其中的离子浓度便会升高,随着后加入的反离子不断增多,以及扩散层原有反离子与之产生的静电斥力,会将原有的众多反离子排挤到吸附层中,导致扩散层厚度受到压缩。

一方面,在扩散层厚度变薄过程中,ζ 电位也会随之降低,胶体颗粒间的静电斥力相应变弱;另一方面,在这个过程中,胶体颗粒间碰撞距离不断缩短,相互间引力越来越强。在这种情形下,由原来的斥力与吸引力的合力也会产生相应变化,即由斥力为主导演变为以引力为主导,从而使得胶体颗粒日益凝聚,迅速聚合。

2. 吸附电中和

由于胶体颗粒表面可形成对异号离子、胶体颗粒及电荷的有力吸附,形成对电位离子电荷的中和,因此,胶体颗粒间的静电斥力减弱,ζ 电位也随之降低,增进了胶体颗粒的脱稳和凝聚。在这种情形下会产生相应静电引力。如果此时加入过多混凝剂,必然导致混凝反应的弱化。这是由于此种状态下胶体颗粒会吸附更多的反离子,致使原电荷变号,排斥力增强,由此引发再稳反应。

3. 吸附架桥

由于受到各种作用力的影响(一是静电引力,二是范德瓦耳斯力,三是氢键力),链状高分子聚合物的活性部位形成与胶粒、细微悬浮物的积极吸附,同时形成桥联反应,这一过程便是吸附架桥作用。同时,高分子絮凝剂含有大量的线性成分以及众多化学活性基团,可形成与胶体颗粒表面的特殊反应,由此实现相互吸附,为远距离胶体颗粒间的吸附搭建桥联,从而促进胶体颗粒更为有力的吸附,体积不断变大,产生更大"体型"的絮凝体。

由这一机理可以看出,在废水不甚混浊时,投入某些混凝剂后可能很难得到预期效果。这是由于此时废水中的胶体颗粒较为有限,即便聚合物的一端对某一胶体颗粒形成吸附,另一端也很难黏连到其他胶体颗粒,这种情形下便无法搭建桥联,架桥作用无从实现,预期的混凝效果也就无法达成。

废水处理过程中,无论是高分子絮凝剂的投加量,还是搅拌时的强度与时长,都应严加管控。如果投加过量,微粒在絮凝初始环节便深陷众多高分子链之中,无法腾出空闲部位吸附其他高分子链,由此导致胶体颗粒表面始终处于饱和状态,进而出现再稳现象。即便是那些已经架桥絮凝的胶体颗粒,也会由于长时间剧烈的搅拌,使得架桥聚合物从其他胶体颗粒表面脱开,又回到原来的胶体颗粒表面,从而产生再稳定现象。

因此,在吸附架桥作用下,胶体颗粒其实无须处于脱稳状态,也没有必要进行直接的接触。从中可知作为高分子絮凝剂,无论其是非离子型还是带同号电荷的离子型,均具有良好的絮凝作用,可产生积极明显的絮凝效果。

4. 沉淀物网捕

当所用絮凝剂属于高价金属盐类时,随着投入量的不断加大,废水中的金属氢氧化物或带金属碳酸盐,会出现加速沉淀的情况,此时水中的胶体颗粒及细微悬浮物也会受到沉淀物的明显影响,特别是沉淀过程中形成的晶核或吸附质,极易网捕到这些物质。

上述四种混凝机理,通常以交叉或联合的方式发挥作用,只不过在不同时间节点及情形下,会以某一种机理为主。当选用的絮凝剂为低分子电解质絮凝剂时,通常将压缩双电层作用作为形成凝聚的"主力";如果废水中含有高分子聚合物,那么更适于选择架桥连接方式实现絮凝反应。

三、混凝剂与助凝剂

1. 混凝剂

针对印染废水的处理,必须选择符合标准要求的混凝剂,可产生良好的混凝效果、无损于人体健康、价格低廉、易于获取、使用方便。依据化学成分构成的差异,可将混凝剂分为两大类:一是无机盐类混凝剂,二是有机高分子类混凝剂。

(1)无机盐类混凝剂。这是印染废水处理领域最为普及和实用的一类混凝剂,其中最受欢迎的当数铁系和铝系金属盐。这类混凝剂分为三种类型:一是普通铁,二是铝盐,三是碱化聚合盐。除此之外,还有其他种类。

①三氯化铁。它主要存在三种状态:一是无水物,二是结晶水合物,三是液体。生产中所用的通常是三氯化铁水合物($FeCl_3 \cdot 6H_2O$),这是一种黑褐色的结晶体,能够形成对水分子的有力吸附,极易实现与水相溶。其溶解度会随着温度的升高而上升,进而成为矾。它还具有良好的沉淀性,尤其是在废水温度较低或不太浑浊时,沉淀的效果要好于铝盐。三氯化铁上述的三种存在状态均会对相关设施、设备产生极强的腐蚀性,因此,必须加强对调制、加药等设备的防腐,这些设备的原材料也必须具有良好的耐腐蚀性。

②硫酸亚铁。这是一种呈半透明状、色泽显绿、易于溶解于水的结晶体。通过对其实施解析,可得二价铁离子,这一物质只能是一种最为简单的单核络合物,所以,其混凝效果远非三价铁盐可比。当二价铁离子残留于水中时,会导致水的染色,与某些有色物质发生反应后,则会产出深色溶解物。因此,选用硫酸亚铁时,通常会先将二价铁氧化为三价铁,在此基础上使用三价铁实现混凝反应。

③硫酸铝。这是当前世界各国处理水及废水过程中最常用的一种混凝剂,它含有 18 个结晶水,可分为两种:粗制和细制。其结晶体呈现白色,在粗制类型中含有的 Al_2O_3 及不溶杂质占比通常为 14.5% ~ 16.5% 和 24% ~ 30%,因此其价格一般较低,质量缺乏良好的稳定性。又因其含有较高比例的杂质,故药液配制及废渣排除难度加大。同时它还极易溶解于水,致使水溶液呈现酸性。

硫酸盐的使用简易便捷,可产生更好的混凝效果,也不会影响后续水质的处理。当水处于低温状态时,硫酸铝很难溶解于水,所产生的絮凝体也较为松散。

④聚合氯化铝。这是当前世界各国普遍使用的一种无机高分子混凝

剂,用 $Al_n(OH)_mCl_{3n-m}$ 表示,即碱式氯化铝。作为多价电解质之一,它的应用领域非常广泛,能够有效应对各种废水;极易产生大的矾花,具备优良的沉淀性,与硫酸铝相比,同种效果情况下所需的投放量更少,即便是投放过多,也不会导致水体浑浊,这一点明显优于硫酸铝;适于使用 pH 阈值为5.0~9.0 的废水,经检测可知,废水经聚合氯化铝处理后,无论其 pH 是水平还是碱度,均不会呈现明显下降的情况。当水温较低时,其混凝效果仍然保持在较为稳定的水平,对设备的腐蚀性较弱。

⑤聚合硫酸铁。可将其表示为 $[Fe_2(OH)_n(SO_4)_{3-n/2}]_m$,它也是一类无机高分子聚合物,功能作用的发挥过程与聚合铝盐高度相近。反应水温宜于保持在 10~50 ℃,最适宜的 pH 阈值为 5.0~8.5,如果是在 4.0~11.0 也不会影响混凝效果。相比于普通铁铝盐,其优势主要体现在三个方面:一是所需的投加量较少;二是形成絮凝体的速度较快;三是对水质要求不高,应用广泛。因上述优势,聚合硫酸铁成为废水处理领域的"宠儿"。

(2)有机高分子类混凝剂。可将这类混凝剂分为两大类——天然型和人工型,但前者的应用范围较小,远不如后者,主要是由于其电荷密度不高,分子质量较轻,易于出现降解的情况而导致活性丧失。这类混凝剂通常以链状结构存在,共价键则是连接各单位的重要介质。单体的含量总值被称为聚合度,其聚合度水平为 1 000~5 000,还可以达到更高的状态。此外,它还会与水相溶,产生众多的线型高分子。

聚丙烯酰胺(PAM)作为较为常见的一种高分子混凝剂,也是处理废水的有效药剂,它不仅以非离子形态存在,而且具有极高的聚合度。其显著优势主要体现在:每个分子都会与胶粒产生强力吸附,即便是负电胶粒也是如此。对于阳离子型高聚物而言,其不仅具有强力吸附力,而且还会对负电胶粒产生积极的中和脱纹功效。

聚丙烯酰胺不仅可以作为混凝剂使用,而且也是一种优良的助凝剂。将聚丙烯酰胺作为助凝剂时,通常会选择无机铝盐或铁盐混凝剂与之相混合,通过配合使用得到更为优良的混凝效果。

常用混凝剂的一般特性见表 2.1。

2. 助凝剂

废水水质存在较大的差异性,如果单独使用混凝剂,难取得良好的预期效果,必须配以相应辅助药剂,从而增进混凝成效,这类具有增进提升效果的药剂便是助凝剂。其发挥的作用功能主要有以下两方面。

表 2.1　常用混凝剂的一般特性

混凝剂	分子式	一般特性
精制硫酸铝	$Al_2(SO_4)_3 \cdot 18H_2O$	制造工艺复杂,价格较贵,水解作用缓慢;含无水硫酸铝 50%~52%,含不溶性杂质 0.05%~0.30%;适用水温为 20~40 ℃;当 pH = 4.5~5.0 时,主要去除水中的有机物和色度;当 pH = 6.5~7.5 时,主要去除水中的悬浮物
粗制硫酸铝	$Al_2(SO_4)_3 \cdot 18H_2O$	制造工艺简单,比精制硫酸铝便宜 20%;含无水硫酸铝 20%~25%,含不溶性杂质 20%~30%;其他同精制硫酸铝
硫酸亚铁	$FeSO_4 \cdot 7H_2O$	当 pH<8.5 时,混凝效果甚差;腐蚀性较高;絮凝体生成快,极稳定,沉淀时间短,适用温度范围较广
三氯化铁	$FeCl_3 \cdot 6H_2O$	最优 pH 为 6.0~8.4;不受温度影响;絮凝体生成快;颗粒大,沉淀速度快,效果好,脱色效果好;易溶解,易混合,沉渣少;腐蚀性大
碱式氯化铝	$Al_n(OH)_mCl_{3n-m}$	混凝能力强,效率高,耗药量少;絮凝体生成快,颗粒大,沉淀速度快;适用 pH 和温度范围较广;操作方便,腐蚀性小;价格较高,污泥脱水难
聚丙烯酰胺	$\begin{matrix} +CH_2-CH\frac{}{}_n \\ \quad\quad\mid \\ \quad\quad CONH_2 \end{matrix}$	混凝能力强,效率高,耗药量少;絮凝体生成快,颗粒大,沉淀快;受原水的 pH、水温和其他因素影响小;絮凝体强度较小,易破碎;污泥含水率大,但易处理;价格较贵,且有微弱毒性

（1）调节和优化混凝条件。助凝剂自身并不具备混凝功能,只是发挥了辅助作用。当废水的 pH 不符合混凝条件要求,导致混凝剂难以水溶时,可通过投加石灰或硫酸的方式,实现对 pH 的调节。使用硫酸亚铁过程中,为避免残留二价铁离子产生不利影响,首先需对其采取氧化处理手段,将其转化为三价铁离子,然后将氯用作氧化剂。当废水色度较浓时,为清理水中的胶体,需要首先加入氯,然后再投加混凝剂,从而达到减少用量的目的。

（2）改善絮凝体结构。由于受到铝盐或铁盐的作用,废水中出现细小且松散的絮凝体,此时可向水中加入高分子助凝剂。这主要是为了利用其优良的吸附架桥作用,有效充实扩展细小松散的絮凝体,使之膨胀粗大、紧密结实,特别是在有机高分子助凝剂作用下,所取得的效果会更佳。聚丙烯酰胺是较为常用的一种助凝剂。同时,无机助凝剂如活化硅酸等,也日益受到人们的关注。

四、混凝剂的选择

由实践可知,印染废水的混凝成效会受到诸多因素影响,如废水的温度、pH 水平以及染料的种类等。通常情况下印染废水温度较高,有利于无机盐类混凝剂的尽快溶解,提高混凝速度和质量。而 pH 水平可通过人工手段实现调控。染料的种类是非常重要的影响因素,成为混凝剂选用的首要考虑要素。

一般而言,在废水中加入无机混凝剂,如铝盐和铁盐等,可对含有胶状物和悬浮物的染料产生明显的混凝效果。染料主要是指以下几种类型:分散型、硫化型、还原型、冰染型和水溶型等。当水溶性染料含有的相对分子质量较轻时,或者难以胶体微粒难以成型的酸性、活性及少量的直接染料,都难以产生预期混凝效果。此外,对于那些含有阳离子的染料也无法产生良好混凝效果。如果废水中含有水溶性非离子污染物,那么其混凝效果也会大打折扣。选用混凝剂时,应将氯化铝和聚丙烯酰胺置于首位,其次才是无机盐混凝剂,还应注意的是,聚丙烯酰胺较为昂贵,通常将其用作助凝剂;因此,碱式氯化铝得到广泛推广,在印染废水处理中发挥最终的作用,显现出优良的脱色功能。

总的来说,应立足废水水质情况,结合实践经验,选用较为合适的混凝剂,实现对印染废水的高效处理。各种混凝剂的混凝效果具体见表 2.2 和表 2.3,选用时可供参考和借鉴。

表 2.2 不同混凝剂对各种染料的混凝效果

染料	混凝剂用量/(g/L)					pH 变化	脱色率/%
	明矾	石灰	硫酸亚铁	三氯化铁	硫酸		
直接染料	0.887	—	—	—	—	10.8→4.3	75.0
		—	—	0.407	—	10.8→3.5	85.0
		6.375	0.419	—	—	10.8→11.9	90.0
冰染染料	6.687	—	—	—	—	11.6→4.5	99.0
		—	—	0.739	—	11.6→4.5	99.5
		4.063		—		11.6→5.6	99.5

表 2.2（续）

染料	混凝剂用量/（g/L）					pH 变化	脱色率/%
	明矾	石灰	硫酸亚铁	三氯化铁	硫酸		
硫化染料	—	—	—	—	—	11.7→3.5	99.0
	6.950		—		1.237	11.7→5.0	99.0
	—		25.645		—	11.7→8.3	99.7
还原染料	—	1.498	111.211	—	—	11.7→11.1	85.0
	—		13.901		—	11.7→11.0	87.5
	27.863		—		—	11.7→6.3	87.5
靛蓝	—	0.839	—	—	—	10.5→11.8	65.0
	—	1.534	0.695		—	10.5→11.5	94.5
	1.198	—	—		—	10.5→4.2	65.0

表 2.3 不同混凝剂对各种印染废水的混凝效果

废水种类	混凝剂		混凝效果/%	
	名称	投加量/（g/L）	BOD_5	色度
硫化染料、靛蓝混合废水	硫酸亚铁	0.70	41.5	91.0
	石灰	0.70	—	—
	石灰	2.50	—	99.0
	明矾	2.50	43.7	97.5
	酸	0.78	—	—
	明矾	4.46	—	99.4
树脂整理废水	酸	0.24	0	0
	硫酸亚铁	0.50	50	80.0
	石灰	0.50	—	—
煮炼废水	硫酸亚铁	17.37	—	98.0
	石灰	1.51	—	—
	明矾	10.03	—	99.0
	酸	0.78	—	—
	明矾	15.6	—	99.5

表 2.3（续）

废水种类	混凝剂		混凝效果/%	
	名称	投加量/（g/L）	BOD$_5$	色度
煮炼、染色和丝光混合废水	硫酸亚铁	0.98	41.2	50
	石灰	0.74	—	—
	明矾	2.00	60.9	82.5
	酸	0.56	—	—
染色和树脂整理混合废水	硫酸亚铁	0.70	42.2	80.0
	硫酸亚铁	0.50	52.5	80.0
	石灰	0.50	—	—
	明矾	2.00	56.9	90.0
	酸	0.80	—	—

五、影响混凝的因素

对混凝效果产生影响的因素复杂多样，但通过归纳总结发现，主要是以下三类因素发挥重大作用：

1. 水力条件

从混凝过程来看，混凝剂投入水中后，溶解于水后会产生一系列反应，直到在重力作用下将逐渐变大的矾花下沉至水底，整个过程可分为两个阶段，首个阶段主要是混合，第二阶段主要是产生一系列反应。

混合环节中，需要混凝剂尽快与废水混合，从而形成优良的水解和聚合条件，确保胶体顺利完全脱稳，无须产生大的絮凝体。这一过程中需要对相关指标加以管控，在有力搅拌下，尽可能缩短用时，要求在 10~30 s 完成搅拌与混合。

反应环节中，不仅要为有效吸附创设良好的碰撞机会和优良条件，还要为絮体成长提供充足的用时，同时还要尽量避免已生成的小絮体保持完好状态，为此，需要不断减弱搅拌强度，并延长反应时间，通常需用 15~30 min。

2. 废水水质

（1）浊度。当污水的浑浊度过浓或过稀时，均会对混凝产生不利影响，应根据浑浊度的差异，投加不同量的混凝剂。

（2）pH。通过混凝反应可以发现，废水的 pH 发挥着不可忽视的作用。任何一种混凝剂在面对不同的水质时，都存在一个最优 pH，该值可通过试验加以确认。

如硫酸铝作为一种常用的混凝剂，与废水混合后便可得到氢氧化铝胶体，产生良好的混凝作用。然而，氢氧化铝能否始终以胶体形态存在，则取决于废水 pH 范围的大小，当该值在 4 以下时，氢氧化铝为溶解于水而非胶体，其存在形式为铝离子 Al^{3+}，无法发挥应有的黏附架桥功能，也无法清理各种杂质和污物，所产生的混凝效果并不理想。当该值在 5~7.5 时，可获得最差的溶解环境，氢氧化铝不易于溶解，会以胶体状态呈现于水中，产生优良的混凝效果；当该值超过 8:5 时，则会提供最优的溶解环境，氢氧化铝极易溶于水中，产生铝酸离子 AlO_4^{2-}，这种情形下几乎无混凝效果可言。由此可以看出，硫酸铝发挥作用的 pH 为 5~7.5。

如果将硫酸亚铁作为混凝剂，那么 pH 对其的影响表现如下：当 pH>3 时，该混凝剂便可以胶体状态存在，也就是氢氧化铁；当 pH 为 8 及以上时，则会导致氢氧化铁胶体的溶解，无法达到预期混凝效果。从中可以看出，当 pH 在 4.5~7.5 时，所获得的混凝效果最好。

（3）水温。对于无机盐类而言，水温会不会对水解情况产生明显影响，当水温较低时，水解速度明显放慢，同时也会提升水的黏度，使布朗运动受到抑制，导致混凝效果不佳。因此，冬季所用的混凝剂量明显多于夏季。还应注意的是，温度的升高也应有一定的限度，否则便会适得其反，在温度升高至 90 ℃时，如果继续升温，那么高分子便极易分解或老化，成为不溶性物质，致使混凝效果的下降。

3. 混凝剂的影响

不同的种类、投加量及加入顺序，都会影响混凝效果。

（1）种类方面。在选用混凝剂时，应将废水中存在的胶体及细微悬浮物作为首要考虑内容，分析其性质和浓度，然后对混凝剂做出相应选择。如果污物以胶体状态存在，同时具有较高的 ζ 电位，此时应将无机混凝剂作为首选，以产生良好的脱稳凝聚效果；如果絮体较为细小，还应继续投加高分子混凝剂，也可以将活性硅酸作为助凝"配料"。在很多情形下，需要将无机类和高分子类混合使用，从而增强混凝成效性，同时还有利于拓展应用范围。而高分子类混凝剂，其链状分子带有一定的电荷。当电荷量越高时，电荷密度也就越大，越能促进链状分子的开拓，有利于进一步延展其吸附架桥空间，所产生的絮凝作用也就越明显。

（2）投加量方面。计算投加量时，既要考虑水的因素，也就是其含有微粒的种类、性质和浓度，还要考虑混凝剂因素，即种类差异、投加方式及介质条件等。在针对废水进行混凝处理过程中，必然要面对如何取得最优效果的问题，而混凝剂及其投加量的优选，便是一个关键问题，需要通过试验加以确认。通常而言，如果是普通铁盐、铝盐，那么其投加量适宜控制在 10～30 mL/L；如果是聚合盐，那么其投加量应为普通盐的 1/2～1/3；如果是有机高分子类，其投加量只要 1～5 mL/L 即可，如果投加过多则会导致胶体出现凝聚的情况。

（3）加入顺序方面。如果同时使用多种混凝剂，则需要考虑投加的最优顺序，从而获得最佳混凝效果，通过试验可以获得。通常情况下，有机类和无机类并用时，应将无机类置于优先位置。如果胶粒超过 50 μm 的水平，则以有机混凝剂吸附架桥优先，然后以无机混凝剂压缩扩散层，通过两者的共同作用促使胶体脱稳，从而达到预期效果。

六、混凝剂的投加与混合

常用的化学混凝设备有三类：一是配置与投加设备，二是混合设备，三是反应设备。

1. 配置与投加设备

进行混凝剂的投加时，通常采用两种方式，即固体式和液体式，国内以后一种方式为主，也就是首先将混凝剂进行配比，使之达到一定程度，然后再按照一定的比例标准及定投量，将溶液投加到废水中。在这一过程中必然用到配置与投加设备。

（1）溶解和配置设备。溶解过程是以溶解池为载体和容具，为了促进药剂的快速溶解，应在池内设置相应搅拌设备。所用的搅拌方法主要有三种：一是机械搅拌，也就是以电动机为动力，通过对涡轮或搅拌桨的带动实现搅拌；二是压缩空气搅拌，向溶解池注入压缩空气，从而实现搅拌；三是水泵搅拌，也就是以水泵为工具，直接从溶解池内抽出溶液，然后再将其注入溶解池中，通过不断循环而实现搅拌。在这一过程中，如果使用的是无机盐类混凝剂，则还要考虑防腐问题，相关管件等必须采用防腐材料，使之具有防腐性。

当药剂完全溶于水后，再将一定量的清水倒入其中，从而达到稀释的效果，得到相应浓度的溶液。上述操作是在溶液池中实现的。与溶解池相比，溶液池的体积通常是其 3~5 倍,池中如果是无机混凝剂溶液,那么其浓度通常在 10%~20%,如果是有机高分子混凝剂溶液,一般将其浓度设置为 0.5%~1.0%。

(2)投加方式。

投加方式主要采取三种方式:重力式、压力式和负压式。最为常用的实现形式有两种:一是泵前重力投加,二是水射器投加,具体装置及过程如图 2.5 和图 2.6 所示。

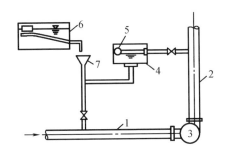

1—吸水管;2—出水管;3—水泵;4—水封箱;5—浮球阀;6—溶液池;7—漏斗管。

图 2.5　泵前重力投加

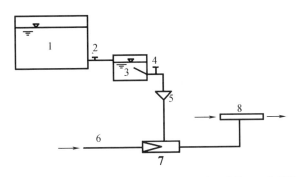

1—溶液池;2—阀门;3—投药箱;4—阀门;5—漏斗;6—高压水管;7—水射器;8—原水。

图 2.6　水射器投加

2.混合设备

(1)水泵。采用泵前重力形式进行投加时,水泵可实现良好的混合效果,无须再建其他混合设备。

(2)隔板。如果采用其他投加形式,就需要再建相应混合设备。通常是隔板混合池和浆板混合池,如图 2.7 和图 2.8 所示。它们所采取的混合形式,分别为隔板混合和机械混合。

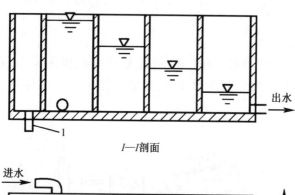

I—I剖面

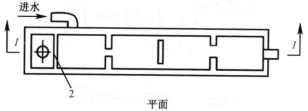

平面

1—溢流管;2—溢流堰。

图 2.7　隔板混合池

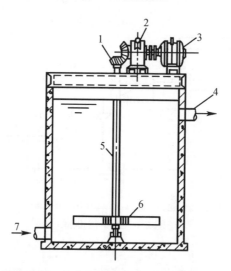

1—齿轮;2—减速器;3—电动机;4—出水管;5—轴;6—桨板;7—进水管。

图 2.8　桨板混合池

64

隔板混合池内设有数块隔板,水流通过隔板孔道时产生急剧的收缩和扩散,形成涡流,使药剂和原水充分混合。混合一般在 10~30 s 完成。隔板混合池一般适应水流量变化较小时的混合,如果水流量变化大时,混合效果不太好。

(3)机械混合。机械混合是借助电动机带动搅拌桨进行搅拌混合的一种混合方式。搅拌的强度可以通过调节转速来控制,比较灵活,在印染废水的处理中常采用机械混合。

3. 反应设备

(1)隔板式反应池。利用水流断面上流速分布不均所造成的速度梯度,促进颗粒相互碰撞进行絮凝。为避免结成的絮凝体被打碎,隔板中的流速应逐渐减小。图 2.9 是隔板式反应池示意图。隔板式反应池结构简单,管理方便,混凝效果好。缺点是反应时间长,占地面积大,特别适合处理水流量大的污水处理厂。

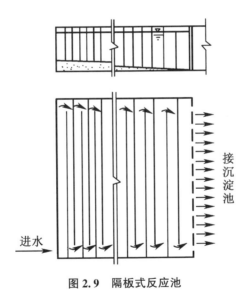

图 2.9　隔板式反应池

(2)机械搅拌反应池。图 2.10 为机械搅拌反应池。机械搅拌反应池是利用搅拌桨的转动引起水中的颗粒相互碰撞而进行混凝,转动轴可以是水平轴式,也可以是垂直轴式。

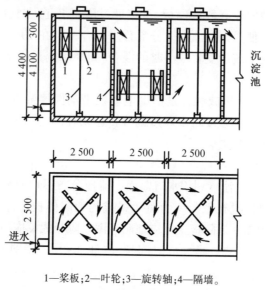

1—桨板；2—叶轮；3—旋转轴；4—隔墙。

图 2.10 机械搅拌反应池

第三节 氧化脱色法

　　印染废水之所以普遍存在色度较大的情况，主要是由于水中残留大量的染料。同时还存在众多悬浮物、浆料和助剂，它们也是重要的色素来源。脱色其实就是将这些显色物质去除，从而达到降低色度的目的。

　　利用生物法或混凝法后，废水中的 BOD_5 会出现一定程度的下降，同时部分悬浮物也会被清理掉，在一定程度上降低废水色度。通常而言，生物法只能实现 40%~50% 的脱色效果，而混凝法则可以实现 50%~90% 的脱色效果，主要受到染料种类及混凝剂选择的影响。因此，即便是用这两种方法进行处理，废水的色度仍然非常鲜明，无法达到排放标准。为此，还需要对其实施深度脱色处理，这一过程主要采用氧化法和吸附法。前一方法的实现手段有三种，具体如下。

66

一、光氧化脱色法

1. 原理

光氧化脱色法通过对光和氧化剂的有机混合和合理利用,形成剧烈的氧化反应,促使水中有机物分解,有效去除其中的 BOD_5、COD_{cr} 和残留染料。

使用这种方法时通常以氯气作为氧化剂,所用的光为紫外线。通过紫外线实现对氧化剂的分解,同时加速对污染物的氧化。由于波长的差异,不同的光对有机物的作用也是不同的,因此,需要选用那些具有特殊作用的紫外线,将其作为光源,实现与氧化剂的联合使用。

当氯溶于水时便会产生次氯酸,然后在紫外线的照射下分解为新生态氧,这种物质活性十足并且氧化作用非常有力。通过光的催化可快速氧化分解有机污染物,在反复氧化分解后,便可将含碳有机物转变为水和二氧化碳,以达到脱色的目的。

2. 特点

(1)氧化作用非常有力。相比于氯氧化的单用,光氧化所产生的效果可达到其 10 倍以上。通过紫外线的催化,可有效分解那些单用氯无法脱色的物质,从而得到预期脱色效果。

(2)不会产生污泥。这种方法所处理的废水通常不会产生污泥,但也不会完全氧化分解所有悬浮物。

(3)氧化范围广。凡是可以被氧化的物质,均可通过该法实现处理。

(4)可有效去除 BOD_5 和 COD_{cr}。

(5)设施设备紧凑,不会占用过大面积。

(6)通常情况下,针对印染废水的氧化脱色需用时 $0.5 \sim 2.0$ h。而采用光氧化法则可以达到更高的脱色率,甚至可达 90% 以上,只对少数分散染料有作用,缺乏良好的脱色能力。

二、氯氧化脱色法

在日常生产生活中,氯已在给水处理领域得到广泛应用,氯主要发挥了其消毒功能,但作为一种氧化剂,它还具备其他的功能和作用。

1. 原理

氯氧化脱色法是基于废水中显色有机物易于氧化的性质,有效发挥氯及其化合物的氧化作用,实现对显色有机物的氧化,同时破坏其结构,从而实现脱色的目的。

脱色时所用的氯氧化剂主要有三类:一是液氯,二是漂白粉,三是次氯酸钠。在这些氯氧化剂中,成本较高的当属次氯酸钠,但它所需的投加设备却较为简单,同时产生的污泥量也相对较少。而漂白粉较为便宜,分布也较为广泛,取材方便快捷,但所产生的污泥量较大。以液氯作为氧化剂时,所产生的沉渣较少,但所需量大,常温下需要更长时间的反应周期。还应注意的是,有些染料通过氯化会产生毒害物质。

次氯酸钠作为一种水解产物,具备极强的氧化能力,可形成对染料及绝大多数显色物质的脱色。

2. 特点

并非所有染料都会对氯氧化剂产生反应,只有那些易于氧化的水溶类及不溶类染料,才会产生反应从而脱色;那些不易被氧化的不溶性染料,则很难达到预期脱色效果。如果废水中的浮悬物和浆料含量较高时,运用该法需要添加更多的氧化剂,但仍然无法去除这些物质。

即便被氧化也不能使所有染料都被破坏,大多以氧化态存在于水中,将被破坏的染料放置后有些仍然可以恢复至原来的颜色。因此,单独使用该法时无法获得预期的脱色效果,必须与其他方法同时使用才能见效。

3. 设备

使用该法时需要的处理设备主要有两种:一是投氯装置,二是接触反应池。采用液氯时,由氮瓶和加氯机组装为投氯装置;使用漂泊粉或次氯酸钠时,则需调制和投加装置。在处理设备中的接触反应时长一般为 0.5~1.5 h。

三、臭氧氧化脱色法

1. 原理

染料之所以显现出相应颜色,是其发色团导致的,这些发色团均含有不饱和键,在受到臭氧的氧化分解后,便会产生比分子质量更轻的物质,如有机酸和醛类,从而丧失发色功能。从中可以看出臭氧具备优良的脱色功效。但也应看到,由于各种染料之间存在鲜明的差异性,所以它们的脱色成效性也有很大不同。如果废水中含有水溶性染料,那么将会产生良好的脱色效果;如果含有不溶性分散染料,也会产生预期的脱色成效。如果含有的不溶性染料是以细分散悬浮状存在的,则很难产生良好的脱色效果。

采用该法进行脱色时,也会受到染料品种的影响,由此所形成的处理流程也有很大不同。如果废水中含有大量的水溶性染料,同时所含有的悬浮物较少,只需使用臭氧或臭氧-活性炭予以处理便可,通常情况下会与其他方法共同使用。如果废水中含有大量的分散性染料,同时悬浮物较为丰富,则适宜采取混凝-臭氧联合流程,且与废水的接触时长通常为 10~30 min,以提高脱色成效。

实践证明,臭氧化效果受到诸多因素的影响,如温水温度、pH 水平、臭氧浓度及添加量、悬浮物含量、反应时间,以及臭氧的剩余量等。

2. 特点

这种方法的优势较为明显,一是具有极强的氧化功效,二是不会产生污泥,三是具有较广的适应范围,四是可以实现对废水的深度处理,五是所有设施设备较为紧凑,六是无须较大的空间。通过对该法的高效使用,可对绝大部分的染料实现脱色处理,仅有很少的分散染料难以达到预期脱色效果,由相关数据可知,其脱色率可高达 90% 以上。

(1)针对印染废水的处理,该法既可以高效实现脱色除臭,还可以产生优良的杀菌效果,能够有效清理各种有机物。

(2)具有极强的氧化功能,无论是有机物还是有无机物,均可产生迅速而强烈的反应,同时不会产生污泥。

(3)操作方便快捷、易于管理,无论是制取还是使用都在现场进行,不存在原料存储及产品运输的问题。

(4)对水温计 pH 要求不高。

(5)所有设备均需采取防腐措施,设施设备所需成本较大。

(6)耗能耗电较大,但效率较低。同时还有毒性,必须在通风透气的环境操作,同时还要确保空气中臭氧浓度必须低于 3% 的水平。

第四节　电　解　法

早在 20 世纪 70 年代,美、日、欧等发达国家纷纷加大了对废水的治理力度,由此促进了电解工艺的诞生与发展,同时该法具有良好的适应性,能够产生优良的处理效果,并且价格低廉、易于操作、便于维护、寿命周期较长,同时,还以废铁屑作为原料,无须耗费电力,可实现真正的"以废治废"。因此,随着该工艺的出现,也引发了各发达国家的高度重视,相关技术得到极大发展和突破,越来越多的专利得到保护和应用,技术成果得到快速、广泛的转化,进一步增强了其实用性。直到 20 世纪 80 年代起我国才关注这一领域,同时进行了相应研究和报道。尤其是最近几年,该项工艺技术被广泛应用于各领域的废水治理中,如印染、电镀、石化(含有砷、氰)等行业企业,通过实践应用获得了良好的治理成效。

电解法以外加电流作为驱动力,对印染废水实施电解,然后在其阴、阳两极分别产生还原和氧化两种反应,以实现对废水污染物的转化,使其成为无害物质。实现电解的载具被称为电解槽。

一、电解法的原理与过程

首先将电解质溶液倒入电解槽中,然后经电极通入直流电,此时两极间便会形成电子的迁移,进而引发相关化学反应。

如果将惰性材料作为阳极,在该端 $OH^\sim$ 放电产生新生态氧,然后分解出氧气。

由于新生态氧具有极强的氧化功能,废水中的有机物和无机物都会被氧化。废水中倘若含有食盐,或者将食盐投加其中,则会产生氯气或次氯酸,进而氧化水中产生杂质。这便是间接氧化作用。

在这个过程中,阴极也会释放氢离子,并通过放电生成 [H],然后产生 H_2。

对于某些有机物而言,由此所生成的初生态氢具有极强的还原作用。当色素处于氧化态时,通过还原作用便可成为无色物质。这便是间接还原作用。

在氧化作用下,氢被转化为无毒无机物,这一现象被称为电极表面的电化学作用。在这个过程中,阴、阳两极表面分别产生氢气和氧气,通过微小气泡的方式溢出,气泡上升时会将相关微粒和杂质裹挟其中,如有机胶体微粒、乳浊状油脂杂质等,它们会与气泡黏附在一起,一起上浮至水面,这便是电气浮作用。

如果阳极为可溶性金属,那么这些金属便会溶于水中,以离子状态存在,通过水解反应后,可生成 $Al(OH)_3$ 或 $Fe(OH)_3$。虽然投加了铝盐或铁盐混凝剂也可以生成这些物质,但与之相比,前者更为活泼、活性十足,能够有效凝聚水中的有机物和无机物,这便是电凝聚作用。

由以上阐述可以看出,电解法通过一系列综合化、复杂化的方法手段,实现对废水的有效处理,可高效清除各类污染物质。无论是印染类、纤维类,还是含酚、氰类,抑或是有机磷类的废水,均可利用该法实现处理。

二、电解法的影响因素与特点

1.电极材料

不同的电极材料所产生的处理效果也有很大不同。选择得当则会大幅降低电能消耗和电解用时。因此,需要以处理对象的特点和发挥主导作用的电解过程为依据,合理选用电极材料。详见表2.4。

表 2.4　电解过程与电极材料

电解过程	电极材料与布置方式
电凝聚	选用可溶性铝或铁作为阳极,电极布置应充满整个电解槽,电流密度较小,电解以电凝聚为主导过程,同时也发生电气浮和氧化还原过程
电气浮	选用不溶性石墨为阳极,石墨电极布置在电解槽底部,不发生电凝聚过程
电凝聚 电气浮	选用可溶性铝或铁作为阳极,石墨电极部分布置在电解槽底部,不但有电凝聚过程,电气浮过程也较明显
电解氧化	选用不溶性石墨作为阳极,电流密度要求较大,主要表现为阳极氧化过程
电解还原	选用铁板作为阳极,电解过程中,当处理物质在阴极析出时,阴极总是发生还原过程

针对印染废水的电解,主要是以电凝聚及电气浮原理为主导,据此,选择电极材料时阳极应选用可溶性铝或铁,阴极则应选用铁板。

针对含氰废水,以石墨作为阳极,铁板作为阴极。

针对含铬废水,以铁板作为阳极和阴极。

2.槽电压

在电解过程中,电能的消耗情况与电压密切相关,槽电压主要受到两方面影响:一是废水的电阻率,二是极板间距。通常而言,应将前者控制在 $1\,200\,\Omega \cdot cm$ 之内,如果废水的导电性较差,可向废水中投加食盐,从而提高废水导电性,降低废水电压水平,从而达到减少电能消耗的目的。

而极板间距不仅可以显著影响到电能消耗,还能对电解时长产生直接影响。当间距过大时,无论是电能消耗、电解时长还是槽电压,均会相应增大,同时也会降低处理效果;间距越小所消耗的电能也就越低,电解时长也一并缩短。应注意的是,如果电极板组需求过多,必然导致一次性投资过大,同时还会加大安装维修难度,因此,必须全面周详地予以考虑。如果废水中含有氰、铬等有毒物质,应将极板间距设置为30~50 mm;如果是普通的厌氧废水,可以将极板间距设置稍大一些。

3. 电流密度

所谓阳极电流密度指的是流经单位阳极面积的电流量,该指标以A/dm^2表示。它与被处理废水的浓度密切相关,如果浓度一定,那么电流密度与电压及反应速度之间便成正比,与电解用时间成反比。但电能消耗量增加,也会导致电极使用寿命的相应缩短。随着电流密度的降低,极板面积也会相应增加,基建成本随之升高。针对印染废水的电解,至今仍未形成成熟可行的经验数据,需要通过试验获得。

4. 搅拌

通过搅拌能够加速粒子对流与扩散,增进废水的均匀度,有效降低极化现象的出现概率,同时还有利于实现对电极表面的清理,以免沉淀物出现沉降的情况,从而保持电解槽的清洁。但搅拌也会增大电能消耗量,延长电解时长,当前更多的是采取压缩空气搅拌法,将搅拌强度设置为$0.2~0.3$ m³(气)/[m³(水)·min]。

5. pH

只需电凝聚反应便可实现对印染废水的电解,因此,应将入水 pH 保持在 5~6 的水平。如果该值过大,则会导致阳极的钝化,对金属电极溶解产生阻滞作用,无法发挥电凝聚应有的功效。

6. 电解时长

实践证明,电解时长会对最终效果产生直接影响,也会对电解槽容积提出相应要求。此外,电解时长还会受到电流密度与极板间距的显著影响,极板间距越大,电流密度越小,电解时长也就越久,体现出良好的经济性。最为经济科学的电解时长为 10~30 min。

三、电解槽的设计

1. 电解槽的结构特点

一般而言,电解槽设计为矩形。依据槽内水流特点,可将其分为翻腾式、回流式;依据电极联通电源的方式可将其分为单极性和双极性。

图 2.11 展示了翻腾式电解槽的构造,从中可以看出,多块极板将其分为

若干段,水的流动平行于板面,沿极板上下翻腾。这种电解槽可以高效利用电极,便于施工和管理,槽内极板分组悬挂,电解过程中既不易引发极板的变形,又可免于极板间、极板与槽壁间的碰撞,免于漏电情况的出现。但也存在不足之处,水流路径过短,粒子扩散不充分,容积利用率不高。这种电解槽已广泛应用于实际生产中。

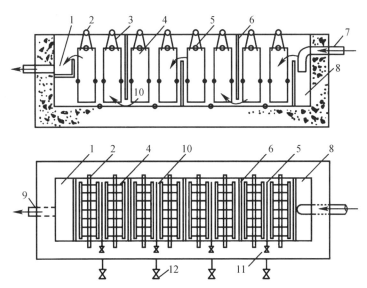

1—集水槽;2—吊管;3—吊钩;4—电极板;5—固定卡;6—导流板;
7—进水管;8—布水槽;9—出水管;10—空气管;11—空气阀;12—排空阀。

图2.11 翻腾式电解槽

图2.12展示了回流式电解槽的构造。其设计特点为阴、阳电极交替排列,形成多个折流式水道。污水流入方向与电极板相互垂直,流动时沿极板不断往返。其优点表现在:水流路径较长,有更多的接触时间,基本无死角,有利于粒子的扩散与对流,可以更加高效地利用电解槽,不易出现阳极钝化的情况;同时也存在相应缺陷,主要是加大了极板更换的难度。

当污水需要进行电凝聚处理,抑或需产生凝聚作用时,通常会采用回转式电解槽,具体构造如图2.13所示。

这一类型的电解槽以废铁屑或铝屑作为原料,以聚氯乙烯作为药剂,一并倒入槽框中,将中心铁管及插入的石墨棒分别作为阴阳两极,然后接通直流电压以实现电解。充电后,阳极会出现旋转的情况,污水有序稳定流动,可高效清除浮渣。同时,通过搅拌还有利于增进凝聚体的凝集。该类型电解槽的优点是:将废铁屑作为原料,可真正实现以废治废。同时也存在一定的缺点:电能消耗量巨大,电极构造复杂,产生的电阻过大。

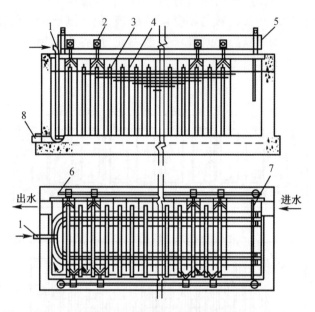

1—压缩空气管;2—螺钉;3—阳极板;4—阴极板;5—母线;6—母线支座;7—水封板;8—排空板。

图 2.12　回流式电解槽

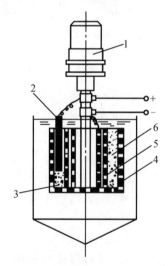

1—搅拌电动机;2—石墨电极;3—铁阴极筒;4—聚乙烯外框;5—聚乙烯内框;6—铁屑。

图 2.13　回转式电解槽

2.电解装置的极板电路

由于电解必须以直流电为动力,因此,其整流设备的选用必须立足电解工作实际所需的总电流与总电压,而电压和电流总需求则主要取决于两方面:一是电解反应情况,二是电极与电源母线的连接方式。

就连接方式而言,主要存在两种类型:单极式和双极式,如图2.14所示。而在后一种方式的极板电路中,所有极板都会受到同等的腐蚀,邻近极板几乎不会发生接触的情况,即便偶尔有接触也不会引发电路的短路,大幅降低了事故发生概率,因此,这种类型的极板电路有利于紧缩极板间的距离,提高其利用效率,节约建造成本及维护费用。因此,双极式极板电路得到广泛应用。

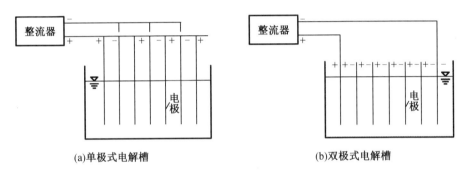

(a)单极式电解槽 (b)双极式电解槽

图2.14 电解槽的极板电路

四、电解法的特点

该法原本用于含有氰、铬元素的电镀废水处理中,由于成效显著又被应用于其他领域,最近几年才引入纺织印染废水治理中,但由于应用时间较短、经验较为匮乏,因此未能全面推广开来。经研究发现,应用该法可达到良好的脱色效果,特别是对于那些含有活性、媒染、硫化及分散类染料的废水而言,脱色效果更佳,甚至可高达90%,对含有酸性染料的废水也可以达到70%的脱色率。

电解法具有下列特点。

(1)反应灵敏快捷,脱色功能显著,污泥产出量小。

(2)可在常规环境中操作,易于管理,容易实现智能化转型。

(3)在污水浓度出现变化的情况时,可及时调控电流与电压,确保出水水质具有良好的稳定性。

（4）整个流程用时较短，设备容积有限，所占面积较小。

（5）以直流电为动力，电能和电极消耗量巨大，是小型废水处理的优选。

五、微电池法在印染废水处理中的应用

最近几年，随着印染废水处理工艺的不断提升，电解法得到广泛应用并不断创新，铁碳微电池法便是具有创新性和实效性的一种方法。其工作原理如下：在无数微小原电池中加入碳和铁，将它们分别作为正、负极，然后将倒入的酸性废水用作电解质溶液，而正负极间的电位差，可使无数微小原电池表面产生相应回路，在两极间形成众多氧化还原反应。

偏酸环境中，在正极反应下会生成新生态氢，它具备强烈的还原性，碰到染料中有机组分时产生相应还原反应，形成对共轭体系发色团的破坏，从而使染料脱色。在负极，首先被溶解后产生的 Fe^{2+} 会与之后出现的 NaOH 中和，它们的产物接触空气后会被氧化，产生以 Fe^{3+} 为胶体中心的絮凝体。这是一种优良的脱色剂，常温状态下会对各类氧化性的含氮基团产生针对性和强烈性的还原反应，pH 在 7.5~8 时，通过还原反应可生成苯胺类化合物。它还是一种良好的絮凝剂，不仅具有捕集和桥联的作用，还具备极强的吸附性，与一般药剂法相比，更具吸附凝聚力。因此，可高效吸附废水中的固体悬浮物（SS），同时还可有力凝聚微电池产生的不溶物，实现对废水的深度处理。

具体流程如图 2.15 所示。

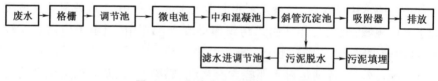

图 2.15　印染废水处理工艺流程

从上图中可以看出，印染废水首先会通过格栅进入调节池，在这个环节中格栅发挥了重要的阻隔过滤作用，织带、布屑等悬浮物会被去除；入池后的废水经均衡调质，再通过 pH 自动调节仪使其达到相应标准条件；而后进入微电池反应器，并在其中发生一系列氧化还原反应，受到这些反应的影响，废水中的有机污染物会发生相应变化，并脱去原有颜色变为无色；随之

在重力作用下自流至混凝反应器,并在 pH 自动调节仪调控下,使污水保持在微碱性环境中,同时产生剧烈快速反应,进而产生微小絮粒,同时在反应器折板地不断搅动下,使微小絮粒发生碰撞并凝聚,由此形成絮凝体,进入斜管沉淀池后便呈现出固液分离状态。上部液体较为清澈,经活性炭吸附实现深度清洁,达到排放标准以后排出;下部为浓缩的污泥,需要对其实施脱水处理然后外运,而过滤出的水仍需要回流至调节池中,以免出现二次污染的情况。

以下为各主要工艺参数:

(1)调节池。通常为钢筋混凝土结构,对废水的留置时长一般为 12 h,设计高度为 2.5 m。

(2)微电池反应器。在其内部装有铁粒、焦炭粒和少量催化剂,对废水的留置时长为 30 min。

(3)中和混凝反应器。通常采取折流式钢制结构,对废水的留置时长为 30 min,需要与斜管沉淀池一并建设。

(4)活性炭吸附塔。该装置呈圆柱状,分为上下两层,分别装有活性炭和石英砂。废水塔的下部进入流经两层后由上部流出,在塔内的停留时长为 30~40 min。

在酸性环境中,利用该法对染色废水实施处理时,主要是运用铁碳微电池所具有的特殊功能,也就是遇到染料分子后会对其进行氧化还原反应,从而使燃料分子其团受损,然后进行后续的中和与吸附等操作,确保废水达到相应排放标准。这种方法具有工艺简单、便于操作、效果明显等优点。

但也存在相应缺陷:

铁屑容易出现结块的情况,同时沟流等现象也时常发生,难以达成预期处理效果。同时,微电池塔过高时,处于底部的铁屑会产生较大的压实作用,更易于结块,在其运行中也会出现表面沉淀物导致铁钝化的情况,不利于预期成效的产生,必须进行定期反冲洗。

一般情况下,铁屑处理废水的操作在酸性环境中开展,但也会由此引发溶出的铁量过多的现象,如果投入碱进行中和,则会析出过多的沉淀物,加重脱水环节负担,同时废渣处理去向也是一个难题。此外,针对塔前与塔后 pH 的调节也较为麻烦,如何在中性条件下实现对废水的高效处理,仍然需要更深一步的探究。

第三章　印染废水的物理化学处理法

能够通过表面物质实现对所有固体的附着,同时还能随表面积的扩展而增大,这种情况主要是由于表面不饱和价键导致的,被附着固体的表面具有各向异性。当固体表面呈现下降趋势时,其稳定性却会不断增强。这些物质碰触到物体表面时,由于受到不平衡力吸引而在固体表面出现滞留的情况,这便是吸附。

此处的固体就是吸附剂,附着于固体的物质为吸附质。而通过吸附所得的结果便是,越来越多的吸附质聚合于吸附剂上,致使吸附剂表面能持续下降。

由于纺织业的快速发展,促进了其他相关行业的持续进步,印染加工发挥出重要的作用,不仅有利于改善织物外观,扩展丰富其功能,而且有利于创新产品品类,使之具有更加特殊的功能,不断提升产品附加值;与此同时,越来越多的新型工艺、材料和助剂也开始用于印染领域,所产生的废水量越来越大,成分日益复杂,使用传统活性生化法已无法达到预期处理效果,特别是对于那些很难降解及氧化的物质,同时也加大了废水去色难度。为实现经济社会的持久健康发展,必须加大对资源的保护节约和高效利用,而水资源是我国非常匮乏的一类资源,各行业企业日益重视生产用水的回收再利用问题。吸附法既可以有效清除难以分解和氧化的物质,降低 COD_{cr} 值,还可以促进废水实现高效脱色,更好地去除臭味,有效剥离重金属、放射性元素等。因此,既可以将该法作为一种预处理手段,也可以作为深度处理手段。

使用该法时,通常是以多孔性物质作为吸附剂,利用其表面实现对废水中各种污染物的有力吸附。生产中最常用的吸附剂当属活性炭,此外还有其他吸附剂:矿渣、硅(铝)藻土、磺化煤等。实践证明,吸附法具有广泛的适应性,能够获得良好的处理效果,可对吸附剂重复使用;但在预处理方面要求较高,所需的运行成本较为高昂。

第一节 活性炭吸附法

一、吸附原理

1. 吸附机理

在采用吸附法进行废水处理过程中,发生界面位于液-固两相界面上,水、吸附质和固体颗粒通过相互间的作用,实现彼此吸附。之所以产生吸附的情况,主要是由于吸附质与固体颗粒间形成鲜明的亲和力。而对吸附产生影响的因素主要有:一是吸附质的溶解度,该指标值越大说明其被吸附的概率越小,越难以被;反之亦然。二是吸附质与吸附剂间产生的各种作用力,主要是三种引力,一是静电引力,二是范德瓦耳斯力,三是化学键力。在上述三种力作用下,可产生三种不同类型的吸附,一是交换吸附,二是物理吸附,三是化学吸附。就废水的处理而言,发挥作用的主要是物理吸附,而在有些情形下是共同作用。

所谓交换吸附指的是在静电引力下,吸附质的离子积极向吸附及表面带电点运动,从而实现持续聚合,同时对固着于带电点上原有的其他离子形成置换。实验发现,离子中电荷的丰富度与其吸附力成正比;在电荷相同的情况下,水化半径与吸附性间成反比。

物理吸附指的是在氢键力和范德瓦耳斯力的作用下,吸附质与吸附剂产生的相互吸附。所有物质间都会产生分子间力,因此这种吸附具有普遍性,同时还会受到吸附质的显著影响,范德瓦耳斯力通常较弱,所产生的吸附力不及化学吸附,在吸附过程中所产生的热量为 42 kJ/mol 左右,甚至会更少,由于受到高温作用,吸附质会挣脱分子间力的吸引,而出现脱附的情况。因此,物理吸附需要在低温环境条件下进行,分为单分子层或多分子层两类,而吸附作用的效果通常会受到下述因素影响,一是吸附剂的性质,二是比表面积及细孔分布情况,三是吸附质的性质、浓度与温度。

所谓化学吸附指的是经由于吸附质与吸附剂的相互作用,从而产生相应化学反应,生成吸附化学键及表面络合物,并使它们有效吸附在一起,形成牢固的整体,导致吸附无法自由地在表面活动。在吸附过程中会放出大量的热,通常在 84~420 kJ/mol,并且具有鲜明的选择特性,也就是某种吸附剂仅能吸附几类或特定物质,大多只对单分子层发挥吸附作用。同时还应具有相应的活化能,当处于低温状态时,其吸附速度明显较慢。此类吸附及所用吸附剂的表面化学性质,会受到吸附质化学性质的显著影响。被吸附的物质只有处于高温环境中才可被解吸,因此,已释放的物质其实早已发生了化学反应,不再具备原有性状,由此可以看出,化学吸附具有一维性。

物理吸附后易于再生,并且可形成对吸附质的回收。而化学吸附则由于结合较牢,难以再生,因此,可将其用于处理极具毒性的污染物,以提升处理的安全性。在具体吸附发生时,既存在物理吸附也存在化学吸附,两者可实现相互转化。即便是对于同一物质而言,低温下可能出现物理吸附,高温下则可能产生化学吸附,此外,也可能出现两种吸引同时发生的情况。

2. 吸附平衡

吸附时,固态和液态两种物质在充分融合后,不仅会出现吸附剂持续吸附吸附质的情况,而且还会出现吸附质解吸的现象,这是由于其受到热运动后会持续脱离吸附剂表面,以实现吸附与解吸随时处于平衡状态。在这一状态下,吸附剂表面能够吸附的所有物质的平均量,即是平衡吸附量。

当温度一定时,吸附剂的吸附量会随着吸附质平衡度的不断攀升而增强,反之则减弱,由此形成的曲线便是吸附等温线。通过试验总结,可将吸附等温线分为下述五种类型,具体如图 3.1 所示:

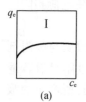 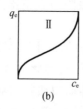 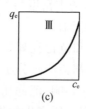 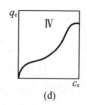 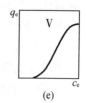

图 3.1 物理吸附的五种吸附等温线

从图 3.1 可以看出，Ⅰ型表现为自身的独特性，即吸附量有一极限值，说明吸附剂的表面均会出现单分子层吸附的情况，当其处于饱和状态时，吸附量也更趋向于一个定值；而Ⅱ型则是一个极为常见的物理吸附，也就是多分子层吸附，而吸附质的极值也就是物质的溶解度；就Ⅲ型而言，这是极为少见的类型，主要特点为吸附热不大于线吸附质所产生的溶解热；至于Ⅳ和Ⅴ型，主要体现了毛细管的冷凝现象，以及孔容的限制，它们处于饱和状态前吸附便实现了平衡，由此产生滞后效应。

二、影响吸附效果的因素

对吸附效果产生影响的因素较多，如吸附剂的构造、吸附质的性质、吸附过程的具体操作等。通过对这些因素的探究和分析，选择更具针对性和实效性的吸附剂，提供最优化的操作环境和条件，实施更加科学高效的操作。

1. 吸附剂构造

（1）比表面积。它是指吸附剂表面的平均质量。会受到吸附剂颗粒直径的显著影响，当其直径较小，或是微孔较发达时，比表面积便会变大，所形成的吸附力也就越强。当吸附质一定时，对其比表面的拓展也是有限的，所得效果并不理想。如果是大分子吸附质，那么其过于庞大的比表面积，反而会对吸附效果产生负面影响，这是由于微孔提供的比表面积无法发挥应有的功效。

（2）孔结构。通过图 3.2 可以看到吸附剂的孔结构情况。吸附剂自身的孔径情况，主要是大小和分布状况，会显著影响其吸附能力。当其孔径过大时，会导致空间的浪费，缩小其比表面积，弱化吸附力；如果孔径过小，则会对吸附质扩展形成阻滞，那些大颗粒则难以被吸附质吸附，更难以扩散。从吸附剂的结构来看，其内孔呈现不规则状，根据孔半径的差异，可将其分为三类，一是大孔，其孔半径通常在 0.1 μm 以上，其吸附能力非常有限；二是过渡孔，其孔半径在 2 nm～0.1 μm，能够对较大吸附质形成有效吸附，同时促进小分子吸附质流经微孔；三是微孔，孔半径在 2 nm 以下，它可提供绝大多数的吸附比表面积，所以，可形成对吸附量的绝对支配。由于吸附剂间存在原料及活化工艺制备等方面的巨大差异，因此，其孔径分布也呈现相应差异性。分子筛由于其孔径分布非常均匀，由此可形成对特定尺寸分子的选择性吸附。

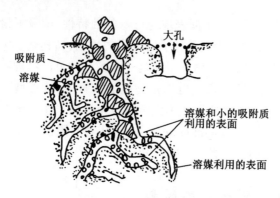

图 3.2　活性炭细孔结构图

（3）表面化学性质。从影响因素方面来看,对吸附效果产生影响的因素有很多,如比表面积、孔容、孔径,除此之外,还会受到吸附剂自身情况的影响,主要是其表面性质、化学成分与分子构成情况。通常而言,必须符合化学中的相似相溶原理,也就是极性与非极性两类吸附剂,分别吸附相应的分子物质,前者更易于吸附下述三类:一是吸附极性类,二是不饱和类,三是极化率高的分子;而后者则更易于吸附非极性分子。实践证明,如果吸附剂中含有酸性基团,那么 其可形成对碱性金属氢氧化物的有力吸附;通过高温活化过程所产生的碱性氧化物,可有效吸附溶液中含有的酸性物质。

2.吸附质的性质

当吸附剂一定时,受到其性质、特点的影响,所产生的吸附效果也具有相应独特性。有机物中含有的分子链能够决定其疏水性,分子链超长其疏水性也就越大,同时溶解度也就越小,会有更多的分子吸附于非极性活性炭上。利用活性炭进行废水处理时,脂肪类化合物所产生吸附效果明显弱于芳香类化合物,饱和类有机物吸附效果则不及不饱和类有机物,与极性较强的吸附质相比,极性较弱或非极性的吸附质具有更好地吸附能力。实践中,吸附质之间通过相互影响,能够形成相应干扰或增进作用,进而完成它们的吸附过程。

3.操作条件

吸附作为一个放热的过程,更宜在低温环境中进行,而升温则会导致脱附情况的加剧。但从现实情况来看,实际吸附过程中的温度变化普遍较小。而溶液的 pH 水平会对吸附质的形态形成显著影响,进而传导至最终的吸附效果。当有机物处于等电点附近时,通常以分子形态呈现,因此,其溶解度较低,更具更强的吸附力。此外,对吸附效果产生影响因素还有吸附剂的构成及其浓度,以及吸附剂与吸附质的接触时长。

三、活性炭吸附

1. 吸附剂

所有固体物均具有一定的吸附力,但只有两种物质适宜作为吸附剂,一是具有极细颗粒的物质,二是比表面积很大的多孔物质。除此之外,吸附剂还必须具备下述特质:

(1)具有极强的吸附力;

(2)对某类物质具有优良的吸附性;

(3)自身吸附平衡浓度不高;

(4)具有良好的再生性和循环性;

(5)具备优良的机械强度;

(6)具备良好的化学稳定性;

(7)材料来源广泛;

(8)价格较为低廉。

工业生产中,普通的工业吸附剂无法同时达到上述 8 个方面的标准要求,所以,从立足水体处理具体所需,选择恰当的吸附剂。

废水处理中常用的吸附剂有活性炭、木屑、焦炭、炉渣等,此外,还会用到沸石、活化煤、活化白土等。

2. 活性炭

活性炭是一类非极性疏水性吸附剂,表面呈暗黑色,其晶格间隙会生成不同形状及大小的细孔,不仅非常丰富和发达,而且使其表比表面积达到 $500 \sim 1\,700 \ \mathrm{m^2/g}$ 的水平,因此具备极为强劲的吸附力。由于微孔的比表面积在其全部面积中的占比超过 95%,由此在吸附能力和数量方面占据了绝对优势,发挥着积极且明显的主导作用。然而,在液相吸附过程中,当吸附质分子半径过大时,微孔的作用甚至可以忽略不计,发挥决定作用的则是过渡孔,它能够吸附绝大部分的有机物。根据吸附物的存在状态,可将活性炭分为两类,即粒状和粉状,工业生产中通常以粒装为主;从主要构成情况来看,活性炭绝大部分为碳,其他元素则非常有限,如氢、氧、硫、水分等。实践证明,活性炭具备优良的吸附力和稳定的化学性,具有良好的抗腐蚀性,无论是强酸还是强碱均可有效承受,其还在高温、高压、水浸等环境中表现出超强的优越性。

活性炭之所以具有优良的吸附性,与其所用原料密不可分,如木材、煤、石油等,将它们粉碎、黏合后,再通过加热脱水、炭化、活化三个重要步骤,最后才得以制成。出于获得优良活性炭的目的,必须经过科学高效的活化,通常会采用药剂法和气体法。前一方法是将原料与相应药剂(如 $ZnCl_2$)加以混合,经过加热、活化等步骤后制得。$ZnCl_2$ 具有良好的脱水功效,可将原料中的氢、氧分子生成水蒸气然后排出,最后可得具有多孔结构的、丰富发达的碳。由于大量 $ZnCl_2$ 的存在,需要加入 HCl 予以回收,并将其中的可溶性盐类去除。这种方法具有固碳率高、成本易于管控等优点,凡是粉状活性炭均可利用该方法制得;而后一方法则是将已经成型的碳化物置于高温环境中,并与 CO_2、水蒸气、Cl_2 等相关气体接触,以此实现碳的氧化反应,清除其中的挥发性有机物,进一步丰富、发达其微孔。通常而言,活化温度应控制在 1 150 ℃ 以内。

活性炭主要通过物理吸附方式进行处理,而其表面也存在一定量的氧化物,因此,会存在相应的化学吸附。当活性炭中添加具有催化性的金属离子时,便可增强废水处理成效。活性炭作为当前使用最广的一种废水吸附剂,具有自身独特优势,特别是粒状炭更是由于其制作工艺简单、易于操作、普适性强等,受到人们的广泛青睐。国内外当前所用的粒状炭也有所不同,分别为柱状煤质炭和煤、果质无定形碳。具体性能情况见表3.1。

表3.1 废水处理适用的粒状炭参考性能

项目		数值	项目		数值
比表面积/(m^2/g)		950～1 500	孔隙容积/(cm^3/g)		0.85
密度	堆积密度/(g/cm^3)	0.44	碘值(最小)/(mg/g)		900
	颗粒密度/(g/cm^3)	1.3～1.4	磨损值(最小)/%		70
	真密度/(g/cm^3)	2.1	灰分(最大)/%		8
粒径	有效粒径/mm	0.8～0.9	包装后含水率(最大)/%		2
	平均粒径/mm	1.5～1.7	筛径 (美国标准)	大于8号(最大)/%	<8
	均匀系数	≤1.9		30号(最大)/%	5

纤维活性炭作为吸附领域出现的一种全新材料,是对有机碳纤维实施活化处理后产生的一种新型高效吸附剂。其微孔结构非常丰富、发达,比表面积较为巨大,存在异常多样的官能轩。从而有效增强了其吸附性,远非活

性炭可比。

3. 吸附过程

主要经过三个阶段实现吸附:首先,吸附质(溶质)在废水中不断扩散,经由水膜散至吸附剂表面,这一过程被称为膜扩散,同时以其丰富发达的比表面积,形成全面有力的吸附,其吸附速度与比表面积之间成正比;其次,吸附质持续扩散至孔隙内,这一过程被称为孔扩散,而扩散速率会受到众多因素影响,如自身的温度、分子大小、孔内浓度梯度、结合能力等;最后,发生吸附反应。整个吸附过程自膜扩散开始,到完成吸附结束,内扩散发挥了决定性的作用。

4. 其他形式的吸附剂

(1)天然矿物质

①膨润土,这是一种分布较为广泛的黏性土矿物,其中的主体成分为蒙托石,而蒙托石中大部分为铝酸盐,可用化学式 $Al2O_3 \cdot 4SiO_2 \cdot 3H_2O$ 表示。利用自身强有力的吸附作用,实现对印染废水的处理,操作简单易行、具有良好的再生性、投资成本较低、周期较为适中,能够高效处置各类含有酸性染料及阳离子染料的废水。

②硅藻土,其实就是一种生物性的硅质沉积岩,SiO_2 是其主要构成成分,除此之外,还有少量其他成分,如:Al_2O_3、Fe_2O_3、CaO、MgO、K_2O、Na_2O 等。硅藻土为多孔结构,具有较强的吸附力与优良的悬浮性,比表面积较大,密度不高,具有良好的稳定性。

③海泡石,这是一种含有富镁纤维分子的硅酸盐黏性土矿物,具备独特的沟渠结构,由于其比表面积巨大,因此具有良好的抗热性、绝缘性,此外,在吸附性、脱色性及分散性等方面,也有优良表现。

④沸石,这是包含一定量水分的、表现为铝酸盐架状基类型的一种硅酸盐类矿物,依据其晶体结构、形态特征的差异,可将其分为三类,即一向延长、二向延长、三向等长。它们均为含有水碱或碱土金属的铝硅酸盐。不仅具备优良的离子交换力,而且具备良好的吸附力。

(2)粉煤灰。实践可知,煤炭通过燃烧便可生成烟气,其中的细灰则是基本的固体废弃物,其颜色为灰色或灰白色,主要是活性火山质粉末,它的属性与煤炭的种类、煤粉的细度、燃烧的方式与收排煤灰的方式密切相关,并且多为孔蜂窝状结构,粉煤灰具有较强的吸附力、巨大的比表面积、价格低廉等优点。在印染废水处理中所用的粉煤灰含有非常丰富的微孔,且其比表面积较大,可实现对废水的高效脱色,从而实现对成本的有效管控。

(3)树脂吸附剂。这是利用有机合成技术制作而成的一种新型的有机吸附剂。由于受到有机合成技术的深刻影响,越来越多的、性能更加优异的新型树脂涌现出来,共计有几百个品类。它们均为立体网状结构,微孔众多、呈海绵状,遇热不易熔化,通常不会溶解于一般溶剂中,也难以与酸、碱溶液相溶,其比表面积能够达到 800 m^2/g 的水平。按照极性的差异,可将树脂吸附剂分为四类,一是极强性,二是极性,三是中极性,四是非极性。树脂吸附剂可实现人工制造,具备极强的适应性,并且使用范围极广,具有良好的吸附选择性,同时稳定性较强,易于再生。

(4)腐殖酸类物质。通常将腐殖酸类物质用于处理工业废水,特别是那些具有放射性或含有重金属的废水,从而达到清除其离子的目的。这种吸附力取决于其自身的属性及其结构。腐殖酸类物质作为一种复合型物质,其分子具有芳香结构,且表现出高度相似的属性,因此,可形成对阳离子的有力吸附。腐殖酸类物质不仅具备良好的化学吸附性,而且物理吸附能力极强。当金属离子较为稀少时,主要通过螯合作用发挥作用,较为丰富时则以离子交换为主。这类物质中可用作吸附剂的有两种,一是天然型,主要是含有腐殖酸的泥煤、褐煤及风化煤;二是腐殖酸系树脂,用相应黏结剂将那些含有腐殖酸的物质凝聚为粒状复合物,从而方便管式或塔式吸附所用。

四、吸附设备

受到杂质种类、浓度等方面差异性的影响,所需的吸附类型、方法及再生措施等,也产生相应差异。常用的吸附操作分为两种,即间歇式吸附和连续式吸附。

(1)间歇式吸附。这种吸附方式便于操作,更适宜那些规模较小、间歇排放的废水处理,通常会以直投的方式将粉状炭吸附剂添加到废水中,同时对其快速搅拌,确保其与废水的完全融合,高效利用其比表面积较大的特质,历经一段时间的吸附平衡后,采取过滤法或沉淀法,实现固体与液体的分离。如果对废水进行吸附后,仍未达到规定的标准要求,则需要加大吸附剂用量、增加吸附用时、循环多次吸附等,从而达到相应标准。如果处理的规模较大,则必须设置一个科学高效的分离装置,以实现对混合及固液的分离。由于当前粉状炭再生产工艺非常烦琐,因此很少使用。

(2)连续式吸附。在这种类型的工艺中,废水会持续注入吸附床,进而形成与吸附剂的完全接触,随着污染物的被吸附,其浓度也会随之下降,达到相应标准要求时,便会被排出吸附柱。依据填充方式的差异性,可将吸附剂分为三类,即固定床、移动床和流化床,具体如图3.3~图3.5所示。

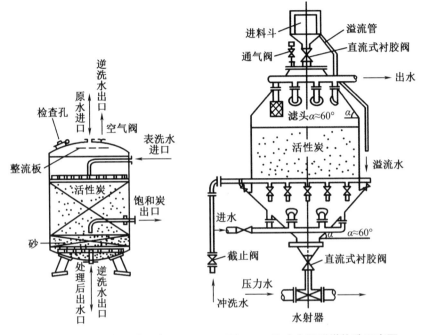

图3.3　固定床吸附塔构造示意图　　图3.4　移动床吸附塔构造示意图

①固定床吸附。固定床吸附也就是使吸附剂处于固定状态,水流流经吸附层,由于水流方向存在多变性,因此,根据其流动的方向可将其分为两类,即降流式和升流式,前者可获得水质较好的出水,但会导致较为严重的水头损失,更适宜那些悬浮物较多的污水处理;而后者水流是自下而上的,水头损失较弱,然而运行时长较久。

②移动床吸附。随着吸附剂的移动,可实现对床层吸附容量的高效利用,确保出水水质的优良性,更加便于操作。

③流化床吸附。在这一吸附类型下,吸附剂一直处在流化状态,会增大与水的接触面,因此,即使在小规模设备条件下,也可形成较大的产能,同时对操作提出了更高的要求。

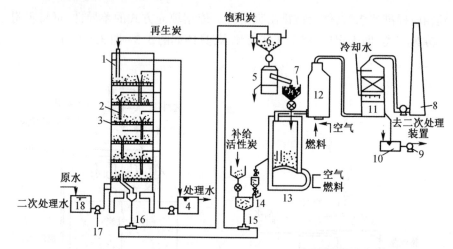

1—吸附塔;2—溢流管;3—穿孔管;4—处理水槽;5—脱水机;6—饱和炭储槽;7—饱和炭供给槽;
8—烟囱;9—排水泵;10—废水槽;11—气体冷却塔;12—脱臭塔;13—再生炉;
14—再生炭冷却槽;15,16—水射器;17—原水泵;18—原水槽。

图 3.5 粉状炭流化床及再循环系统

五、吸附剂再生

随着吸附量的不断增多,吸附剂会持续膨胀,最终达到饱和状态。为实现循环使用,必须进行再生操作,这是一个逆吸附的过程,也就是吸附剂在保持原有结构不变或微变的状态下,利用一定的方法手段,将吸附质排出吸附剂孔隙,从而使吸附剂重新恢复其吸附力的一个过程。利用这种方法可实现对处理成本的有效管控,降低废渣排放量,并形成对有用吸附质的有效回收和利用。现有的吸附剂再生法主要有以下几种:加热法、药剂法、电解法、生物法、湿式氧化法等。详见表 3.2。因此,进行再生方法的选用时,通常从下述几个方面考虑:其一,吸附质的理化性质,二是吸附机理,三是吸附质的再生价值。

表 3.2 吸附剂再生方法分类

种类		处理温度	主要条件
加热再生	加热脱附	100~200 ℃	水蒸气、惰性气体
	高温加热再生	750~950 ℃	水蒸气、燃烧气体、CO_2
	(炭化再生)	(400~500 ℃)	

88

表 3.2(续)

	种类	处理温度	主要条件
药剂再生	无机药剂	常温~80 ℃	HCl、H₂SO₄、NaOH、氧化剂
	有机药剂(萃取)	常温~80 ℃	有机溶剂(苯、丙酮、甲醇等)
生物再生		常温	好氧菌、厌氧菌
湿式氧化再生		180~220 ℃、加压	O₂、空气、氧化剂
电解再生		常温	O₂

1. 加热再生

由于活性炭具有异常丰富发达的微孔,形成强有力的吸附力,可以无差别的实现吸附,可广泛应用于废水的吸附处理中。当污物被吸附于活性炭时,按照其分解环境温度,可将它们做如下分类:

(1)易挥发性物质,主要是指两类特质,一是简单的低分子碳氢化合物,二是芳香族有机物,它们在 200 ℃的环境条件下便可实现脱附。

(2)易分解型物质,进行加热时,这类物质会分别发生分解和炭化两种反应,前一反应可生成低分子有机物,并通过挥发而脱附;后一反应则会将炭化物残留于吸附剂微孔内。

(3)难分解型物质,这一类物质不会受到温度升高的影响,并且会在其微孔内残留众多的碳化物。

由于废水中的污染物与活性炭形成了非常稳定的结合,因此必须通过高温加热才能实现再生。这一过程需经历三个阶段。

干燥阶段:将温度加热至 100~150 ℃,有效蒸发吸附于活性炭微孔中的水分,并且有些沸点较低的有机物也会随之散发出来。

炭化阶段:将温度升至 300~700 ℃,促进高沸点有机物的进一步分解,而那些沸点较低的有机物,会分别发生分解和炭化两种反应,前一反应可生成低分子有机物,并通过挥发而脱附;后一反应则会将炭化物残留于吸附剂微孔内。

活化阶段:将温度升至 700~1 000 ℃,然后将活化气体通入其中,主要是 CO₂、水蒸气等,从而对残留于微孔中的碳化物形成有力分解,使之成为 CO、CO₂、H₂ 等,以此实现微孔的重造。

与活性炭制造过程相似,活化同样是实现再生的核心所在。因此必须严控活化条件,通常将温度设置在 800~950 ℃,时长以 20~40 min 为宜。实践证明,以水蒸气最为合适,可有效预防氧化性气体形成对活性炭的氧化。现有的加热再生炉已有多种类型。

2.药剂再生

将药剂作为一种溶剂添加到饱和吸附剂后,可打破吸附剂与吸附质原有的平衡状态,以及它们分子间的相互作用力,促进吸附质脱离吸附剂,溶入溶剂中,从而使吸附剂实现再生,并达到有效回收吸附质的目的。

现有的有机药剂有以下几种:苯、丙酮、甲醇、乙醇等。此外,也可使用无机酸、碱等。进行药剂的选用时应依据吸附质的溶解度,如果污物是可以实现电离的,则适宜以分子形式实现吸附,以离子方式实现脱附,也就是说那些酸性物质可通过酸性药剂达到吸附的目的,利用碱性药剂实现脱附;而那些碱性物质则恰恰相反。就速度而言,吸附要快于脱附,可快于其一倍多。

在再生过程中,吸附剂会形成一定量的损失,但这种损失较为有限,通常在吸附塔中实现,不需要设置额外的再生装置。可促进有用物质的再次回收利用;但再次率较低,缺乏彻底性。

吸附剂循环再生后,既会导致一定的机械性损失,也会导致吸附容量出现相应损失,由于无法滤除相关杂质,或灰粉会堵塞部分小孔,导致有效吸附比表面积出现孔容缩减的情况。

第二节 气 浮 法

气浮法是一种有效离除固态和液态的科学方法,最初是为了实现选矿,从 20 世纪 70 年代后得到迅猛发展,气浮池也实现了升级换代。第一代气浮池较为狭长,并且深度较浅,水力负荷通常为 $[2\sim3\ m^3/(m^2\cdot h)]$,难以实现高负荷;第二代则明显较短,同时加大了深度和宽度,其水力负荷也更大,为 $[5\sim15\ m^3/(m^2\cdot h)]$;第三代则出现于 20 世纪 90 年代末,在其池底遍布了圆孔薄硬板,并且水力负荷进一步增强,达到 $[25\sim40\ m^3/(m^2\cdot h)]$ 的水平,水流为紊流。随着废水处理应用范围的不断扩展,气浮法可分离的物质也更多,如细小悬浮物、藻类及微絮凝体;可有效回收工业废水中的有用物质,也包含造纸厂废液中所含有的纸浆纤维;能够形成对二次沉淀池的全面替代,实现对剩余活性污泥的分离与浓缩;可有效回收废水中所含有的悬浮油及乳化油;尤其是其中的有机胶体微粒,同时还可顺利分离其他各种微粒和杂质,一是呈乳浊状油脂类杂质;二是各种纤毛等小颗粒,如细小纤维和疏水性合成纤维;三是质量轻、难于沉淀的物质。

一、气浮法的特点

(1)设备具有强大的运行能力和较高的表面负荷,15~20 min 内便可实现固体与液体的分离,因此,占地面积有限,质量效率较高。

(2)可通过向水中添加溶解氧的办法,更加高效地清理表面活性剂,促使水质的改善,并对后续处理形成有力支持。

(3)当水体含有大量藻类,且温度较低、污浊度不高时,可采用该法以取得良好的成效,甚至还能够清理掉其中的浮游生物。

(4)其中的浮渣通常含水较少,通常会低于 96% 的水平,相较于沉淀池污泥体积,会低于其 1/2~1/10,可对污泥的后续处理产生积极作用,同时表面刮渣也会更加便捷,这方面明显优于池底排泥法。

(5)能够实现对有用物质的高效回收和循环利用。

(6)与沉淀法相比,气浮法需要更少的药剂量。

但气浮法法也存在一定的缺陷性,如无论是耗电量还是维修量都明显过大,当前普遍使用溶气水减压释放器,它不仅极易被堵塞,而且浮渣较多,易于受到风雨的影响。

二、气浮法的基本原理

当空气进入水体中后,会形成众多的微小气泡,而水体中所含有的各种颗粒、杂质及有机微粒等,均黏附于空气泡上,主要是三类物质:一是絮凝状悬浮颗粒,二是油脂类杂质,三是各种有机微粒,它们会在气泡携带下上浮到水面,从而形成浮渣,实现对水中微粒的吸附和分离,这便是气浮。采用该法时应具备两个必要条件:一是,水中必须含有充足的、达到一定尺寸的细微气泡;二是,需要清理的物质为悬浮状,或者具备良好的疏水性,可附着在气泡上并随之上升。

1. 气泡的产生

通常情况下,可利用以下三种方法在水体中产生微气泡:

(1)电解。以多组正负相间的电极作为工具和手段,将其插入废水中,然后接通直接电,从而使废水产生电解反应,释放出相应气体,如 H_2、O_2 和 CO_2 等,这些气泡普遍具有以下鲜明特点:一是密度小,二是颗粒微细,三是浮载能力强,尤其适宜对脆弱絮凝体的分离。当阳极选用可溶性铝板或铁板时,通过电解溶蚀作用,会产生 Fe^{2+} 和 Al^{3+},并实现水解,而后与水中的 OH^- 作用产生反应,形成铝、铁氢氧化物,它具有极强的吸附力,可有效吸附、凝聚各种杂质颗粒,进而生成絮凝颗粒,同时黏附至阴极散发的 H_2 微气泡上,产生气浮现象,实现与水的分离。但电解也存在相应问题和不足,一是电能耗费过高,二是电极板极易出现结垢的情况。

(2)分散空气。当前,可通过多种方法手段及设备工具,达到分散空气的目的。

①由粉末冶金、素烧陶瓷或塑料等材料制作而成的微孔板(管),会不断压缩空气,使之分散为一个个小气泡。这种方法虽然简便易行,易于管理,但也会形成更大的气泡,同时,微孔板(管)非常容易堵塞。

②设置一个可高速旋转的叶轮气浮装置,然后将空气通进该装置的一个飞速转动的叶轮,并使叶轮做剪切运动,从而吸入空气并使之分散为一个个的小气泡。

该装置具体如图3.6所示,从中可以看到,在气浮池底部装有一个叶轮,各个叶片均连接在叶轮上,固定于转轴上,与上部电动机相接,并受到电动机的驱动,实现高速有序旋转,进而于盖板下产生负压,然后由进气管实现对空气的压缩和吸入,通过叶轮的搅拌,有些空气被"研磨"为更小成分的细小气泡,形成与水的完全混合,成为一个个的水气合体,经稳流板稳流后,会产生气泡并呈现垂直上升状态,以达到气浮的标准要求,成为浮渣后刮板将其缓慢旋转刮出。这一方法主要适用于那些悬浮物占比较大的废水,特别是洗煤废水、含有羊毛、油脂等的废水。同时还可将其用于分离那些含有表面活性剂的废水泡沫,促使其上浮、脱离,降低设备堵塞的概率。

射流气浮以射流器为工具,经由射流嘴将水从中射出,速度极快且呈喷射状,从而使周围形成负压,使得进气管中的空气被持续吸入,进到喷嘴喉管后与水完全融合,此处的空气也被水分子多次交叉"切割",从而变为无数的微小气泡,充分混合后形成流体,进入扩散管后流动速度放缓,同时压力相应增大,经排液口排出后进到气浮池,而池内悬浮物则会黏附于上升的小气泡上,随之升到液体表面成为浮渣。这一方法所需设备较为简单,但难以产生预期的效率,同时,喷嘴、喉嘴也极易被油污堵塞。

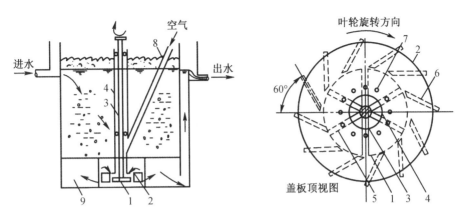

1—叶轮;2—盖板;3—转轴;4—轴套;5—叶轮叶片;

6—导向叶片;7—循环进水孔;8—进气管;9—稳流板。

图 3.6　叶轮气浮装置

（3）溶解空气。所谓溶气气浮指的是利用一定的压力手段,使空气溶解于水并处于饱和状态,这种溶解于水中的空气在减压释放装置作用下,持续不断地受到吸、吹、碰、挤等,导致其压力迅即消弭,溶解气则变为细微的气泡冒出,同时进入气浮状态。按照气泡冒出过程中所承受压力的差异,可将溶气气浮法分为两类,一是真空式,二是加压溶气式。

①真空式气浮法是指处于常压或加压状态下的、溶解于水的空气,将其置于真空状态下时,以微小气泡方式冒出的一种气浮方法。利用这种方法所消耗的能量较为有限,气泡的形成过程较为稳定,其与絮凝粒的黏附也比较平稳。但气浮池构造过于复杂,运维难度较大,溶气压力较低,因此可释出的气泡量较少,该法的应用范围较窄。

②加压溶气气浮法是指处于加压状态下的,溶解于水的空气由于骤然减压而引发的,以微气泡状态黏附絮凝粒,加速其上浮的一种方法。在这种方法下,依据溶气水的差异性,可将其分为三种流程,一是部分处理水溶气,二是部分进水溶气,三是全部进水溶气。具体如下:

部分处理水溶气指的是通过提取些许已达标的出水,然后通往空气使两者有机相溶,并与进水实施合并,而后进行减压至常态,从而实现气泡的释出。

部分进水溶气则是指通过提取些许进水,对其加压通入空气后,形成与其他废水的溶合,而后对其实施减压,到达常态水平后释出气泡。上述两个流程中,加压溶气水量在总水量中的占比仅为30%。因此,同等能耗的前提

93

下,可有效增大溶气压,所产生的气泡会更小,更加均匀,同时也不会对絮凝体形成破坏。

全部进水加压溶气气浮流程如3.7所示。通过泵力实现对原水的加压后,将其压缩至溶气罐中,然后利用射流器或空压机,对罐施压使空气进入。实现水、气相溶后,再利用释放器或减压阀将水气混合物推入气浮池进口位置,从而析出气泡达到气浮的目的。当分离区产生浮渣后再利用刮渣机予以清理。这一过程中,会消耗大量的能量,需要容积较大的溶气罐。如果气浮之前必须通过混凝予以处理,那么已经成型的絮凝体必然经过压缩和溶气环节,由此导致其破碎。所以,会耗费大量的混凝剂。如果进水中含有较多的悬浮物,则会极易导致释放器出现堵塞的情况。

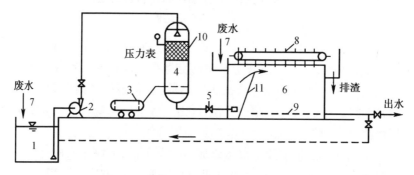

1—吸水井;2—加压泵;3—空压机;4—压力溶气罐;5—减压释放阀;6—浮上分液池;
7—原水进水管;8—刮渣机;9—集水系统;10—填料层;11—隔板。

图3.7 全部进水加压溶气气浮流程

2.悬浮物与气泡附着

通常情况下,气泡会以下述三种方式附着于悬浮物上,一是通过颗粒表面析出,二是与颗粒吸附,三是被絮凝体包裹。

气泡与悬浮颗粒实现良好吸附的关键在于,颗粒表面的存在状态及其性质。如图3.8所示,浮选时通常有三种状态,也就是固相、液相、气相,由此可形成三个接触面:液–固、固–气、气–液,从液–固界面来看,其与气–液界面之间的张力会形成一个夹角,即平衡接触角,以θ予以标识。如果该角小于90°,那么固体则极易被水润湿,它们便是亲水性物质,该类物质表面很难实现对气泡的黏附;反之,如果该角大于90°,那么固体无法被水有效润湿,这种情况下气体会有效附着于这类疏水性物质表面。随着固体颗粒对气泡的不断吸附,其界面张力也会随之下降,降至$\Delta\sigma = \sigma_{lg}(1-\cos\theta)$。由公式可以发现,平衡接触角越大所获得的气浮效果也就更好,同时还会受到σ_{lg}值的影响,当该值过小时,即易于产生气泡,不利于与颗粒的黏附。

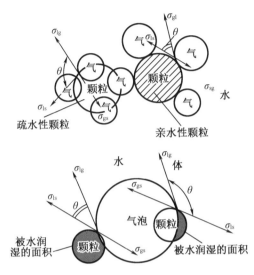

图 3.8 不同悬浮颗粒与水的润湿情况

出于高效利用气浮法,使之更好地分离亲水性颗粒,如纤维、重金属离子等,还应投加针对性的药剂,从而促进颗粒表现性质的改变,增强气浮能力,这样的药剂便是浮选剂。它通常由特殊分子表面活性剂组成,这类分子为极性-非极性分子,在其极性端含有众多亲水基团,如 OH、$COOH$、SO_3H 和 NH_2 等,在其非极性端则含有较长碳链。如:硬脂酸盐,这是构成肥皂主成分,其极性亲水基团为—$COOH$,而非极性较长碳链为—$C17H35$。实现气浮时,那些亲水性物质会基于自己的属性和特点,针对性的吸附浮选剂的极性基团,同时,非极性端与水的一面相对,能够促使水中亲水颗粒表面性质的变化,即由亲水性转变为疏水性。

现有的浮选剂种类丰富多样,如何针对性、实效性选用是一个重要问题,必须立足各种废水的性质类型,对其进行相应试验,从而选用恰当的品种,确定合适的投加量,如有必要可以借鉴矿冶工业浮选相关资料。

三、气浮设备

当前,大多将敞式水池作为日常气浮池,它的构造类似于普通沉淀池,通常分为两种类型,即平流式和竖流式。

(1)平流式。这类气浮池的平均池深为 1.5~2.0 m,最深不能超 2.5 m,同时,深与宽的比应在 0.3 以上的水平,其表面负荷一般在 5~10 m³/(m²·h),停留时长总计在 30~40 min。具体结构如图 3.9 所示。

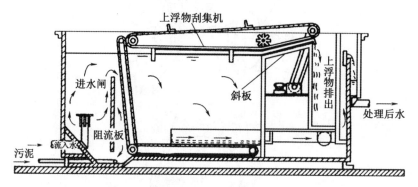

图 3.9　平流式气浮池

(2)竖流式。该型气浮池样式结构具体如图 3.10 所示。其深度通常在 4~5 m,直径控制在 9~10 m。在电动机的有力驱动下,促使中心转轴实现转动,而安装于其上的其他构件也会同速旋转,一是中央进水室,二是刮渣板,三是刮泥旋转把。

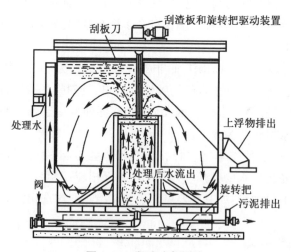

图 3.10　竖流式气浮池

第四章　印染废水的生物处理法

所谓印染废水的生物处理法是指充分利用某些微生物所具有的,蚕食自然界中有机物、将其氧化分解为无机物的特性,通过人工干预创设一个有利于该类微生物存活的环境条件,将废水存在的有机物当作其食料,则有机物便会被氧化分解为无机物,促使废水实现净化的过程。在自然界中,可对有机物产生分解作用的微生物非常广泛,其中最强者当属细菌。基于此,通常将细菌作为处理废水生物的主要微生物。以生化反应过程中是否需要氧气为依据,可将细菌分为三大类,一是好氧菌,二是兼性厌氧菌,三是厌氧菌,利用前两种类型实现生化反应,完成生物处理的工艺便是好氧生物处理法;利用后两种类型实现生化反应,完成生物处理的工艺便是厌氧生物处理法。针对纺织印染废水的处理,通常采取生物处理法,以期获取优良成效。

第一节　废水处理中的微生物

一、微生物的定义

微生物指的是体型细微、构造简易、必须在显微镜下才可得见其容的一类生物。主要是指三类生物:一是原核微生物,二是真核微生物,三是非细胞型病毒及类病毒,如细菌、霉菌、支原体、酵母菌等。从中可以看出,"微生物"并非是一个分类学概念,而是所有微小生物的总称。

二、微生物的特点

1. 体型小、种类多、分布广

微生物的体型通常以微米为单位进行度量,长度从零点几微米至几百微米不等,如细菌通常为零点几微米至几微米;而病毒一般不长于 $0.2\ \mu m$;至于酵母菌则可长至几微米至十几微米,对于原生动物而言,大多为几十微米到几百微米。无论是多长的长度,都必须利用显微镜才可得见。同时,微生物非常细小轻微,极易被吹散飘逸,致使灰尘飞扬,受到这一特性影响,微生物的分布极其广泛,无论是高山深渊、极寒之地、空旷平原、大江大海,还是湖泊河流、污水淤泥、各种废弃物中,抑或是空气、人类及动植物身体内,均有微生物的存在,现已被确认微生物的达到 10 多万种,细菌、放线菌等有1 500 多种。最近几年,随着分离培养方法的不断优化和提升,微生物新种类被持续发现。可以说它们散布于地球上的各个空间、角落中,甚至达到无孔不入的程度。微生物唯独害怕炽热的"火",除火山中心位置以外,其他各个地方、空间乃至于大气层中,均有微生物的存在。

2. 代谢速度快、类型多

微生物具有体型细微、群体存在、比表面积较大等特点,既有利于促进对营养物质的吸收,又有利于加快其新陈代谢。在这一特性下,可实现对废水中污染物的有效降解。同时,由于微生物之间存在类型和特点等方面的鲜明差异性,使得他们的代谢类型也非常丰富多样,它们具有极其多元且广泛的食物来源,是其他类生物不可比的。只要是自然界中的有机物,均可被其分解、利用。废水处理过程中,极易发现各种各样的微生物菌种。

3. 繁殖快

当前生物界中,繁殖最快的当属微生物。特别是它们会以二分裂方式实现繁殖,其速度更为神速。当温度环境适宜时,微生物的代际传递速度非常快,只需几小时至 20 分钟的时间便可完成繁殖。因此,人们可以通过有意繁殖相关微生物,使之快速达到需要的数量规模,高效地处理废水中的各种污染物。

4.数量多

微生物具有极其广泛的食物来源,新陈代谢及生长繁殖都非常快,它们存在的地方,必定会产生巨大的群体数量。

5.易变异

通常情况下,微生物个体以单细胞或是近似于单细胞的形式存在,大多为单倍体,并且是无性繁殖,与外部环境直接接触,极易受到外部环境影响。所以,微生物普遍具备较强的变异性。污水处理过程中,水质的差异性会引发其中微生物的差异,在种类、数量等方面存在明显不同。在温度、环境出现变化时,微生物也会相应变化,不适应的会大量死亡,有幸存活的则会发生变异,通过生理特性、躯体结构等方面表现出来。以这种变异性为依据,可对环保废水生物实施针对性的活性污泥驯化。同时,针对性微生物的选育,应明确其特性,使其更好地分解难以降解的有机物。

三、废水生物处理中主要的微生物类群

针对废水的生化处理,应着重处理其中的微生物的代谢,从而氧化分解废水中的有机物,使之成为无机物,促进废水实现净化。而出水的质量与微生物种类、数量及代谢情况密切相关。所以,必须全面了解活性污泥中含有的微生物种类。

利用生物法进行污水处理时,发挥重大作用的当属细菌,同时,原生动物、后生动物等也会发挥相应功能。除此之外,废水中还可能含有的酵母菌、丝状霉菌和微型藻类,会一并发生作用。

1.细菌

这是最为重要的一类环境微生物,它们为单细胞生物,形态大多是固定的,有些具有较为特殊的结构。其中的细菌细胞壁可形成对体内原生质的有效保护,以免受到来自渗透压的挤力而引发破裂的情况,确保细胞保持在原有的形态,以吸收特定物质。而鞭毛则是细胞质膜经由细胞壁后探出外的产物,对于绝大多数的杆菌和螺旋菌而言,这就是它们的运动器官,在其细胞壁的外部,会产生一层多糖类物质,也就是荚膜,可形成对细胞的有效保护。如果所在环境出现营养匮乏的情况时,这些糖类物质便可当作应急能源,成为微生物的食物,如果多个细菌的荚膜通过相互融合,而成为一个整体,犹如"细胞集团"一样,这便是菌胶团,它是污泥絮凝体的构成主体,具有极强的吸附性、氧化性和分解性。同时,菌胶团还可有效防止微型动物

的吞食,还可免于受到毒物的侵害,具备优良的沉降性,混合液可在二沉池中实现快速沉降,实现泥与水的有效分离。

2. 丝状细菌

这是一种菌丝异常发达的菌类,菌丝体能够产生分支及分隔,正是通过丝状体形态、多支特征等,实现对其种属的分类。与菌胶团细菌相同的是,丝状细菌是构成活性污泥的基本要素。这类细菌具备极强的氧化分解能力,可形成对有机物的强烈反应与作用,产生良好的净化效果。在一定情形下,其数量甚至会多于菌胶团细菌,弱化污泥絮凝体沉降性,甚至使活性污泥发生膨胀,导致出水质量难以保障。

3. 真菌

这是一类非常特殊的生物,以结构复杂性为依据可将其分为两类,即单细胞真菌和多细胞真菌。它含有一个非常明显的细胞核,能够广泛应用于各种自然环境、施工条件中。当真菌存在于活性污泥中时,会以丝状菌的形式表现出来,并且与水质情况密切相关,特别是活性污泥中含有较大量的碳,或其 pH 水平较低时,这种相关性更加明显。

4. 微型动物

微型动物主要是指两类动物,一是原生动物,二是微型后生动物。

所谓原生动物指的是生存于动物界中,具有最为简单、原始的单细胞结构,由此所构成的一种动物。各细胞都具备自有的独特性,也具备相应生理功能。这种功能类似于动物所具有的相关功能,既具有摄食、消化、呼吸、排泄功能,还可以实现生长、繁殖、运动等。这类动物通常有三类:一是肉足虫类,二是鞭毛虫类,三是纤毛虫类,与细菌相比微型动物均有更大的体型,利用显微镜就可以轻易分辨。系统运行情况通常由污泥中动物的种类、偏食性及其净化能力决定的,它们的存在状况及其相互关系,可对污水处理产生指标作用。当出现水质变化较大,污泥产生中毒情况时,应立足生物相的变化特性,针对实际问题采取相应对策。

5. 微型藻类

作为低等植物的典型代表,藻类代指了几乎所有的低等植物,它具有构造简单、无分化等特点,可分为单细胞和多细胞两大类。污水处理过程中通常针对下述三类:蓝藻、绿藻、硅藻。藻类通常会吸收无机类营养,由于它们的细胞中含有叶绿素及其他相关色素,因此具备光合作用的能力。当阳光照射其上时,可实现对光能的有效利用,从空气中吸收二氧化碳,以合成相关细胞物质,并释出氧气。活性污泥中含有较少种类及数量的藻类,通常是单细胞类,更多地出现在阳光暴露之地,如沉淀边的边缘、出水槽等。

第二节　生物处理的生化过程

一、微生物的增殖及生长曲线

只有设计、建设一个优良的活性污泥处理系统,并对其实施科学高效的管理,才能确保其处于良好运行状态,促进微生物的生长,并按照预期设置加以实现。为此,必须全面掌握、积极利用微生物的生长规律。通过对纯菌种单细胞微生物的合理应用与科学试验,可得一条生长轨迹,即S形曲线。

首先将活性污泥接种至污水中,当条件恰当时,它的生长轨迹也会呈现出一条S形曲线。然而,活性污泥中含有多种微生物,它们在成长过程中会对环境条件产生各不相同的要求,如水温、pH水平、营养物情况、毒物含量等。所以,活性污泥中微生物的成长过程,要远比纯种单细胞微生物成长更加复杂,对有机物的降解也会更加复杂。整体而言,活性污泥生长过程分为以下四个阶段。

1. 停滞期

活性污泥接种至全新废水时这一阶段,或者将污泥从曝气池中提取出来后静置较长时间段内,它会处于饥饿状态,由此形成生长的停滞,这一阶段便是停滞期。只有通过这一阶段后,才能逐渐适应新的废水环境,抑或是由衰老状态恢复至正常状态,恢复后便具备了降低、同化废水中有机物的能力,实现污泥质量的增加。

停滞期的存在及其时长,与接种的活性污泥的情况密切相关,如温度、数量、生态环境等。

在这一阶段,污泥中微生物细胞便已开始了代谢、呼吸及合成等,也就是随着污泥质量的不断增加,对有机物的清理能力也不断增强,在此之前也会去除少量的有机物。

2. 对数期

当微生物完全适应新环境后,便开始迅速大量的繁殖,这一阶段便是对数期。但由于废水中所含的有机物较多,而此时的微生物量却较为有限,食料处于供大于求的境况,可有效保障微生物的生长所需,仅受到其自身机理所限。该阶段中,微生物将达到生长最高峰,同时降解能力和速度也得到大幅提升。在半对数坐标系中,细菌数量的对数与培养时间成正比,因此称为对数生长期。当废水中有机物浓度达到相应浓度时,这一阶段的污泥增长会非常迅速,并与相关因素密切相关,一是微生物的种类,二是水中有机物的性质,三是水温与溶解氧等。同时,污泥凝聚性很弱,呈分散状存在,游离细菌较多,即便是沉降后上部清液也比较浑浊。

待到废水中有机物浓度降至一个较低水平时,如果再接种过多的活性污泥,便会出现营养不足的情况,导致对数期的丧失。污泥随之增长,但由于营养物不断被耗,污泥的增重也随之停止,由此进入一个新的阶段,即静止期。

3. 静止期

在这一阶段,废水中出现了两个方面的变化,一是食料不断减少,二是微生物排泄物持续增加,使得微生物的生长环境迅速恶化,导致生长率明显下降,通过计算分析可知,其临界点可能在 2.5 处,这一值是取了两种要素的质量之比,即剩余食料(F)与活性细菌(M);随着对这一领域研究的持续深入,麦克肯尼(Mckinney)又于 1962 年提出该值应在 2.1 处,即 $F/M \leqslant 2.1$,从此时微生物的生长便开始放缓,主要是由于食料的不足而非自身生理机能限制。静止期的产生主要是由于下述四个方面的原因。

(1)废水中有机物快速减少。在有机物日渐稀少时,如果所接种的活性污泥过多,则会出现有机物被快速耗尽的情况。这种情形下,静止期可能非常短,呈现峰形线。而静止期时长受到多种因素影响:一是活性污泥增加情况,二是废水性质及其有机物的浓度,三是污泥投加量及生态环境。

(2)有毒物的累积情况。这些有毒物主要是活性污泥中细菌繁殖产生的。即便废水中有机物含量较为丰富,营养物也未被耗尽,但在积蓄过程中会有毒物会产生代谢,致使活性污泥的增长进入静止期。在这一情形下,静止期时长较久,活性污泥的增加量甚至为零,之所以出现时长较久的情况,主要是由于这一时段有机物营养仍然较为丰富,但存在于活性污泥中的微生物则是由多菌种构成的混合群体,不同菌种对于食料的需求度、自身所具有的降解开放式也各不相同,它们的世代时间也有较大差异,同时有毒代谢物对其产生的影响也会表现出相应差异性,并且它们的繁殖、死亡等方面的关系也非常复杂,由此导致静止期时长的增加。

(3)溶解氧供给不足。受到实际生产情况影响,运用活性污泥法时,必须确保充足氧气的输入,否则,污水中便缺乏相应的营养供给,长期生活于缺氧状态的活性污泥便会出现静止的情况。

(4)污泥凝聚能力。处于静止期的活性污泥,即便在对数期时会出现凝聚性稍有好转的情况,并能够发现其新生菌胶团,但是其沉降性仍然较差,必须进入静止期较长时间后,才能实现好转。

4.衰老期(内源呼吸期)

在这一阶段中,纯粹微生物在迅速繁殖后,含在污水中的食料已非常有限,只能以菌体内存贮的物质、自身的酶当作营养物质。这时细菌中虽已合成了新的原生质,但仍然无法弥补呼吸所需,致使细菌总量的不断损耗。静止期之后,由于受到有毒代谢物的影响,抑或是营养显著不足、pH情况等的原因,导致污泥中细胞合成力的下降,甚至于出现死亡的情况;并且,活性污泥中的微生物细胞也会出现溶解于废水的现象,不同菌种间同样会互相分解。在这一阶段中,活性污泥会快速减少,质量明显降低。由实验可知,原接种污泥中会含有丰富的轮虫尸体,但经培养并历经20小时后,这些尸体则消失了。因此,活性污泥中微生物具备自溶性。在这一阶段中,污泥结构相对零散松弛,游离细菌非常丰富,过滤后的液体较为清澈,通过静止沉降,在其表层会出现少许小泥花。

二、生物处理的生化过程

针对废水的生物处理其实就是对其中的微生物加以处理,这是一个生化过程,在这一过程中,生物体内会产生一系列化学反应,而那些结构较为复杂的食物将会进一步氧化分解,成为结构更加简单的代谢物,然后经同化反应又复合为结构更加复杂的组织。在氧化时代谢物分子所含有的氢原子将被脱去,同时被氧化为水分;而体内的蛋白质则被分解为氨,这一交换过程便是物质代谢。它也含有能量的转变,也就是指食物中的能量通过代谢转换进入生物体内,转化为自身的能量,正是由于物质代谢、能量转换的作用,生物才得以存活、生长并繁殖。为使生物实现正常生长、大量繁殖,必须针对代谢中产生的化学反应进行相应管控,使其生长方向和过程得到管控。通过引入物理化学、生物学等手段措施,全面探究生物体的构成状况、化学反应、能量变换、外部环境等,以及它们间的相互关系,这便是生物化学。

微生物利用自身所具有的新陈代谢功能,实现一系列生化过程。在其生命中,需要从外界持续获取相关营养物质,经酶催反应后实现高效转化,形成能量并提供给新合成的生物体,在这一过程中,还会持续向外界排泄废物。酶作为存在于生物体内的催化剂,会参与到微生物的食物消化、组织合成等方面,它是细胞的重要构成部分,是活细胞生成的,可在细胞内外产生相应催化作用,所以又被称为生物催化剂,这一过程无须活细胞的存在。通过精练制作的纯酶也可以在离体条件下发挥催化功效。

酶是良好的催化剂,可在生物体内外产生相关化学反应,它与一般催化剂的共同之处在于:

(1)只发挥促进化学反应的作用,以缩减实现平衡所需的时长,无法使其平衡位实现改变,更无法助推原本无法实现的化学反应;

(2)在促进化学反应过程中,自身不会被消耗,但会产生化学变化,也可能出现新陈代谢。

两者的差异之处:

(1)酶由活细胞所衍生,无法在体外合成。而一般催化剂通常是人工合成的有机物,也可能是一种无机物。

(2)酶不具备良好的耐热性,当温度达到 60~70 ℃时便丧失催化活性;但对于一般催化剂而言,在这一温度阈值内则不会受到影响。

(3)大部分酶的 pH 承受阈值为 4~7,在这一阈值之外便会导致其活性的丧失。而一般催化剂不会受到 pH 水平的明显影响。

(4)酶具备鲜明的特异性,也就是一种酶只可对一类或一种物质产生化学反应,生成相应反应物。但一般催化剂的特异性并不那么明显,严格度远非酶所能比。

(5)酶会积极参与到生物体的代谢过程,整个催化过程其量和质均会不断地代谢。而一般催化剂则不存在这种情况。

为保障生命活动所需同时实现不断繁殖所实施的一系列化学变化,我们称之为微生物的新陈代谢。按照能量的吸收与释放情况,可将代谢做出如下分类:一是分解代谢,二是合成代谢。前者是将构成复杂、分子较大的有机物,或者是高能化合物,通过逐级释放的方式实现对其所含能量的释出;而后者则是指微生物从外界环境中吸收营养,然后经由相关生化反应,实现对新细胞的合成。这两种代谢并非单独出现于微生物的生命活动中,而是共同作用、相互依赖、紧密配合的,一并助推微生物实现其生命活动。

1. 分解代谢

它是指高能化合物通过分解反应转变为低能化合物,同时物质的存在形式也实现由复杂到简单的过程,同时逐级释放相应能量。所有生物的生命活动均需物质与能量,而它们都必须经由分解代谢获得,因此,分解代谢是生物生存活动的基础和前提,也是新陈代谢的重要来源。

依据对氧气的需求情况,可将分解代谢分为两种类型,即好氧型和厌氧型,前者用于废水的处理时,在游离氧的基础上,通过好氧和兼性厌氧两种微生物的作用,促进有机物的降解,实现稳定且高效的无害化处理。由于废水中含有多种有机物,它们通常以胶体状、溶解状形式存在,成为微生物的食料。作为高能有机物在通过相关生化反应后,会逐级释放能量,最后形成低能无机物,并实现稳定、无害化,便于更加妥善的予以处理,并使之完全回归自然。通过好氧分解可实现对有机物的完全分解,最后所得的是能量最低的无机物。

厌氧代谢指的是在缺失游离氧的环境条件下,通过厌氧及兼性厌氧两种微生物的共同作用下,实现对有机物的持续分解,使之成为一种无害的、稳定的、简单的化合物,并释放出相应能量。大多数能量会以甲烷(CH_4)形式释放出来,甲烷虽然具有可燃性,也可以对其进行回收。只有有限的有机物才会被合成为全新的细胞组织,因此,相比好氧法而言,厌氧法所增加的污泥量会更小,分解的有机物无法完全氧化,在最终的代谢物中仍然有一定的能量,其能量释放量较小,代谢速度明显要慢于好氧法。

2. 合成代谢

所谓合成代谢指的是微生物通过外界获取相应能量后,从低能化合物转化为高能合成物的过程,这也是微生物通过自身机体进行物质制造的过程。在这一期间,分解代谢会持续供给微生物合成必需的能量与物质。

三、生物处理法对废水水质的要求

最近几十年,对于有机合成化合物的研制取得了更加卓越的成就,化合物类型迅速增多,它们有些是可实现生物降解的,有些则无法实现。还有些有毒物质成为废水生物处理的对象,不仅无法获得预期处理成效,而且还会形成对微生物的毒害,不利于生物处理的有效实现。所以,首要的是通过试验明确对废水实施生物处理的可能性,以全面掌握污染物分子结构情况,确定其可以被分解的程度及分解的速度。当废水具备了优良的可生化性,那么为获取良好的处理成效,还要为微生物创设一个恰当的环境条件。

（一）温度

在微生物生长全程中，化学反应发挥着决定性的影响和作用，特别是速率方面会受到温度的明显影响。所以，温度因素不仅会影响微生物自身增长情况，也会对整个群体总量情况产生重大影响。所有微生物均需要一个最为适宜的温度确保自身的存活与繁殖，在这一温度范围内，微生物会在不断升温过程中不断加速生长。通常而言，温度每升高 10 ℃，微生物便可加速 1 倍。同时，还存在最高和最低两个生长温度，前者指的是超过这一温度微生物便会停止生长，甚至致其死亡的温度；后者则是指低于该温度微生物便会暂住生长，但不会死亡的温度，在这一原理启发下，人们发明了低温保存菌种技术。对于大部分的细菌来说，最适宜它们生长的温度为 20～40 ℃，当温度不及 10 ℃或超过 40 ℃时，处理效果会大打折扣。所以，需要针对高温废水实施有效的降温处理；如果是在北方，冬季则应采取保温手段，条件许可的情况下，可通过余热加温或建于室内等举措实现保温。

（二）溶解氧

进行好氧生化时必须有氧的参与，同时氧气应完全溶于水中，也就是溶解氧，从而更好地供给好氧微生物所需，只有提供充足的溶解氧，才能保障并促进他们的生长与繁殖，倘若供氧短缺便会产生厌氧的情况，不利于好氧微生物的正常代谢，同时还会形成丝状细菌。为促进好氧微生物实现正常代谢，同时产生预期沉淀分离性，通常要求溶解氧处于 0.5～2.0 mg/L 的水平。而厌氧微生物则无须氧气的支撑，在有氧环境中反而会不利于其生长，更有甚者会导致其死亡。只有在厌氧环境中，才能正常生长与繁殖，有效分解废水中的有机物，使之转化为质量较轻的有机物，即甲烷，同时也应完全密封处理设备，使之与空气隔绝。

（三）pH

当废水中氢离子浓度处于合适范围内时，可对微生物产生直接且明显的影响。对于微生物而言，其体内发生的生化反应均有酶的参与，而酶必须在适宜的 pH 范围内才能产生反应，因此，需要废水具有合适的酸碱度，适宜于微生物的代谢并使之保持良好的活力。好氧生物所需的 pH 阈值为 6～9。而纺织印染废水所具有的 pH 阈值普遍偏高，通常为 9～12，被驯化之后的细菌可增强自身的酸碱度适应性，但如果 pH 高于 11，则很难得到预期处理效果。为此,必须在酶进入生物处理设备前,形成对 pH 的有效控制,以不超过 10 为限度。厌氧生物处理过程中,需要将 pH 保持于 6.5~8 的水平,由于甲烷细菌生长所需的最为适宜的 pH 范围较窄,因此,当 pH 不足 6 或超出 8 时,都不利于甲烷细菌的生存。

(四)营养物质

只有在充足的营养下,微生物才能实现正常生长和繁殖,并保证自身代谢活动的有序进行。这些营养物质包括碳源、氮源、磷、硫,这是主要营养来源,同时还需要钾、镁、铁、钙以及维生素等微量元素。无论是生活污水还是有机工业废水,都含有以上营养物质,而后者所含的营养物质可能并不能完全适宜或满足于微生物需求,为此,必须通过外加营养的方式实现调配。针对好氧生物的处理,需要废水含有的营养物满足以下条件:BOD_5:N:P = 100:5:1。

(五)有毒物质

废水中含有的能够抑制、毒害细菌的物质,都是有毒物质。如各种金属离子及非金属化合物,它们可形成对细菌细胞结构的毒害和破坏,或者能够抑制其他物质的生物氧化。有些化合物自身处于一定浓度环境时,也可被某些微生物所分解,然后浓度超标时便会成为毒害物质,抑制微生物的新陈代谢。所以,废水处理过程中,应最大限度地避免超标有毒物质的进入。如果废水中含有重金属,仅凭生化处理是无法清除的,同时还会对剩余污泥的处置产生不利影响,因此,需要对其实施必要的物理、化学处理。

第三节　好氧生物处理技术——活性污泥法

一、活性污泥的定义及组成

正是由于废水中含有一定量的微生物,因此才能够形成对有机污染物的降解,从而达到净化水质的目的。废水中存在适宜微生物生长所需的物质,从而促进了它们的生长与繁殖。这些微生物主要是指各种细菌、藻类、真菌及原生动物等,相互间矛盾共生、相互依存。进行废水处理就是为了充分掌握、高效利用生物的作用规律,创设一个良好的环境条件,加速有益微生物的生长与繁殖,形成对有害生物的有力抑制,增强微生物的处理能力。废水中的微生物主要依赖于有机物存活,同时又具备强大的氧化降解能力,因此,活性污泥法所用的活性污泥其实就是一类好氧微生物的群团。当粪污中持续通入空气后,可为污水提供充足的溶解氧,而粪污中的微生物便可得到氮、碳等丰富的营养物质,同时还可获得生命所需的氧气,一段时间后,这些污水便没有了臭味,转化为褐色的絮状体,即活性污泥。活性污泥中含有大量的活性微生物,如:细菌、原生及后生动物等,除此之外,还有诸多无机物、没有被分解的有机物、代谢及残留物等。

利用活性污泥法进行废水处理时,促进有机物实现氧化分解的是种类细菌。由相关数据可知,每毫升曝气池混合液中含有的细菌数量在 100×106 个左右,也就是每立方米混合液纳约有 $100 \times 1\,012$ 个细菌。如果各球状菌平均直径为 $2\ \mu m$,那么它们的表面积共计 $1\,200\ m^2$。这样的表面积及吸附力也只有活性炭能够比肩。同时,这类有机体达到"饱和"状态时,不需要对其实施再生操作,便可重新恢复至原来的活性水平。

二、活性污泥的形成及其性质

当污水中存在细菌、有机物等物质时,通过持续曝气以保持充足的溶解氧,一段时间后便会出现絮状污泥。通过显微镜可以看到多种多样的微生物,既有细菌、真菌,还有原生、后生等动物。我们将含有这些微生物的絮状泥粒称为活性污泥。其净化效果受到下述指标的影响:

1. 污泥浓度

所谓污泥浓度指的是存在于曝气池的混合液中,每单位体积含有的悬浮固体物的占比情况,通常以 MLSS 表示。标识单位可以是 g/L,也可以是 mg/L。它可对性污泥的四种成分做出相应指示,因此,在工程中一般将其当作活性污泥生物量的可比指标。同时,每单位体积含有的悬浮固体物的占比及其质量用 MLVSS 标识。它并不含有无机成分,也可作为活性污泥生物量的可比指标,与 MLSS 相比更具精准性。因此,在缺乏更加精准的方法检测活性细胞量的情况下,可将 MLSS 或 MLVSS 作为间接指标用以表示微生物浓度。因此,污泥浓度能够在一定程度上体现混合液中所含有的微生物量状况。

2. 污泥沉降比

这一指标指的是曝气池混合液置于 100 mL 量器时,静待其沉淀 30 min 后,所得污泥与原混合液之间的体积比,用 SV% 标识。如果是正常活性污泥,经过 30 min 的沉淀几乎可达到最大密度水平,因此,这一指标代表了曝气池处于正常运行状态时的污泥量。该法具有操作简便、迅捷高效的特点,因此,可将其用作活性污泥系统运行状态最直接的标志,既可用其当作剩余污泥排放的管控标准,也可用其体现污泥沉淀状况。

3. 污泥容积指数

污泥容积指数,简称污泥指数,是指曝气池出口混合液静置沉淀 30 min 后,1 g 干污泥所占污水的容积,以 SVI 表示,单位为 mL/g。污泥指数确定过程虽然比较麻烦,但它能比较准确地反映出活性污泥沉降性能。对于某特定废水水质,有一个对应的最佳 SVI 值。如果 SVI 值过低,说明污泥颗粒细小而紧密,可能是无机物较多,这时污泥的活性较差;如果 SVI 值过高,说明污泥的沉降性能不好,污泥可能要发生膨胀或已经解体,这时污泥往往是丝状菌占了优势。不同的废水水质,SVI 值是不同的。对于生活废水,正常的 SVI 值为 50~150,最佳 SVI 值为 100,而印染废水的 SVI 值远高于上述数值(印染废水正常的 SVI 值为 100~300),所以其运行仍是正常的。

4. 污泥龄

污泥龄(ts)常称平均细胞停留时间或称污泥滞留时间。污泥龄的定义为曝气池中工作着的活性污泥总量与每日排除的剩余污泥量的比值,单位为日(d)。在稳定运行条件下,剩余污泥量就是新增长的污泥量。所以,污泥龄也是新增长污泥在曝气池内的平均停留时间,或曝气池工作污泥增长 1 倍平均所需的时间。

三、活性污泥法原理

在国外已广泛运用活性污泥法对印染废水进行处理。20 世纪 60 年代中期,我国便开始了引入试验,20 世纪 60 年代末推广开来。由于该法可有效清理印染废水中的部分色素,能够调整其 pH 等,因此,各项主要指标都可由此获取;对于剩余的活性污泥还可进行回收利用,整个处理成本较为低廉,活性污泥法由此受到广泛青睐,在处理印染废水领域得到深度应用。

相比于其他有机性废水处理过程,活性污泥法与它们高度相似。在呼吸过程中好氧微生物呼出二氧化碳,并与废水相溶,成为碳酸并与碱中和,以降低废水中的 pH 水平。活性污泥还具备良好的脱色能力,通常为 50%~70%。主要是利用其丝状菌、菌胶团,实现对染料分子的有力吸附,同时达到降解的目的。而染料之所以具有色泽,是由于其结构中含有发色基团和助色基团,只要将它们破坏便可使其色泽消失。

发色基团都是不饱和的双价键,可通过氧化作用切断,从而使染料脱色。活性污泥中的细菌,如假单孢菌属(pseudomonas)、芽孢杆菌属(coudautus bacillus albolagfis)等,可以氧化芳香族化合物。染料大部分是由苯、萘、蒽、醌、苯胺等环状化合物构成,在微生物作用下,进行氧化降解,发生环的开裂,最后将它们转变为二氧化碳和水以及其他无机盐类。

染料分子,首先被菌胶团吸附。实践证明,进入曝气池的废水为何种色泽,运行一段时间后,活性污泥也呈何种色泽。微生物对染料的分解具有选择性,有不少染料不能被生物降解,所以利用活性污泥法处理印染废水的脱色效果较差。

四、活性污泥法的基本流程和净化过程

1.基本流程

活性污泥法的形式多种多样,但是具有共同的特征,活性污泥法的基本流程如图 4.1 所示。

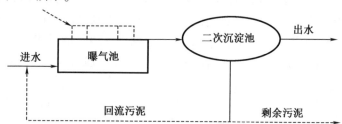

图 4.1 活性污泥法的基本流程

活性污泥法是在废水的自净作用原理下发展而来的。废水经预处理后进入一个人工建造的池子,池内有无数能氧化分解废水中有机污染物的微生物。这一人工的净化系统效率极高,大气的天然复氧根本不能满足这些微生物氧化分解有机物的需要,因此在池中需设置人工供氧系统不断进行充氧,给停留在曝气池内的大量微生物提供足够的氧气,池子也因此而被称为曝气池。废水在曝气池停留一段时间后,废水中的有机物绝大多数被微生物吸附、氧化分解成无机物,随后进入沉淀池。在沉淀池中,活性污泥下

沉,处理后的出水溢流排放。所以,活性污泥法的主要构筑物是曝气池和二次沉淀池。同时,一部分沉淀下来的活性污泥则要不断回到曝气池,以保持曝气池内足够的生物量,用来分解氧化废水中的有机物。由于有机物被去除的同时不断产生一定数量的活性污泥,为维持处理系统中一定的生物量,必须不断地将多余的活性污泥从二次沉淀池中排除,这部分活性污泥被称为剩余污泥。

活性污泥法净化废水的能力强、效率高、占地面积小、臭味轻微,但产生剩余污泥量大、对水质水量的变化比较敏感、缓冲能力弱。

2. 净化过程

在活性污泥系统中,有机物的净化过程经过活性污泥吸附、生物氧化合成和生物絮凝沉淀三个阶段。其中前两阶段在曝气池内完成,后一阶段在二次沉淀池内完成。

(1)活性污泥吸附阶段。此阶段废水中的有机物去除主要是通过活性污泥的吸附作用。由于处于内源呼吸状态(即饥饿状态)的活性污泥中的微生物对食物的需求,且活性污泥是一种絮凝体,具有巨大的表面积,一旦与废水接触,对废水中呈悬浮状和胶状有机颗粒立即产生强烈的吸附作用,且吸附速度很快。通过吸附,废水中的有机物就会减少很多。这种吸附一般在 10~20 min 就能完成,表现为处理初期废水中的 BOD_5 和 COD_{cr} 浓度大幅度下降。由于吸附历时很短,通过吸附作用,有机物只是从水中转移到污泥上,其性质并未立即发生变化,多数被吸附的有机物来不及被氧化分解,当活性污泥表面吸附的有机颗粒达到饱和后,活性污泥的吸附能力随之消失,转入有机物的生物氧化阶段。当然,吸附与氧化这两个阶段并没有一个截然的分界线。在吸附阶段,同时也进行有机物的氧化及细胞合成,但吸附作用是主要的。在去除的有机物中,绝大多数是由吸附作用而完成的。

吸附阶段有机物的去除效率与废水水质、泥水混合条件和活性污泥的性能有关。吸附作用主要是非溶解性的有机物吸附在活性污泥絮体上,所以,当废水中的有机物主要以悬浮状和胶状存在时,吸附作用剧烈,有机物去除效率高。相反,当废水中有机物主要以溶解状态存在时,吸附作用不明显,去除效率低。

(2)生物氧化合成阶段。吸附阶段基本结束后,微生物要对大量被吸附的有机物进行氧化分解,并利用有机物进行自身繁殖,同时还要继续吸附废水中残存的有机物。溶解性有机物可直接透过细菌细胞膜,为细菌所吸收;固体和胶体有机物先吸附在细胞体外,由细菌分泌的外酶分解为溶解状,然后再渗入细菌细胞。细菌通过自身的生命活动——氧化、还原、合成等过程,一部分被氧化成简单的无机物(如 C 被氧化成 CO_2;H 和 O 等化成 H_2O;N 被氧化成 NH_4 等),并放出细菌生长和活动所需要的能量,另一部分则转化为生物所需的养料,合成新的细菌细胞,同时产生一种多酯类的黏质,形成活性污泥绒体。经过氧化和合成两个过程,使有机物得以降解,使活性污泥中的微生物处于缺乏营养的饥饿状态,重新呈现活性,恢复吸附能力。这一阶段进行得很缓慢,比第一阶段所需的时间长得多。实际上曝气池大部分容积是在进行有机物的氧化和微生物的细胞中合成的。氧化和合成的速度决定于有机物的浓度。经过氧化合成阶段,废水中的有机物发生了质的变化,一部分被稳定为无机物;另一部分变成微生物细胞即活性污泥。通过氧化合成阶段,去除了被吸附的大量有机物,污泥又重新呈现活性,恢复了吸附和氧化能力。因此氧化合成阶段又可称为污泥再生阶段。

(3)生物絮凝沉淀阶段。由于进入二次沉淀池的活性污泥本身具有良好的凝聚性能,可以很快地絮凝成较大的絮凝体而沉淀。但有机物的氧化程度过低,污泥中有机物含量大,污泥结构松散,沉淀性能差;有机物氧化程度过高,污泥中无机成分增大,污泥颗粒细小,活性差,凝聚和沉淀性能也差。因此,控制曝气池中有机物的氧化程度,对污泥的凝聚与沉淀性能有着重大的作用。所以,在活性污泥系统中,有机物的去除是通过以上三个阶段共同完成的。其去除效率包括曝气池和二次沉淀池两部分。

五、活性污泥法的运行方法

按废水在曝气池内的流动状态和泥水混合的特征,把活性污泥的运行方法分为推流式和完全混合式两种类型。

1.推流式活性污泥法

(1)传统活性污泥法是推流式的典型流程。推流式活性污泥法也是活性污泥法最早的形式,又称普通活性污泥法,其工艺流程及特点如图 4.2 所示。

在正常运行的普通活性污泥法曝气池中,在曝气池前端,回流的活性污泥与刚进入的废水相接触,由于有机物浓度相对较高,即供给活性污泥微生物的食料较多,活性污泥将大量吸附废水中的有机物,所以微生物生长一般处于生长曲线的对数期后期或静止期。有机物浓度沿池长逐渐降低,需氧量也是沿池长逐渐降低,活性污泥几乎经历了一个生长周期,随着曝气池混合液中有机物的不断被分解及微生物细胞的不断合成,水中的有机物浓度越来越低,F/M 也越来越小,由于普通活性污泥法曝气时间比较长,到了池子末端,废水中有机物已几乎被耗尽,微生物的生长已进入内源呼吸期,它们的活动能力减弱了,因此,在沉淀池中容易沉淀,且出水中残留的有机物数量较少,而处于饥饿状态的污泥回流曝气池后又能够强烈吸附和氧化有机物,所以普通活性污泥法对生化需氧量和悬浮物的去除率均很高,达到90%~95%,特别适用于处理要求高且水质较稳定的污水。所以普通活性污泥法具有处理效率高、出水水质好、剩余污泥量较少等优点。但也存在着不足。

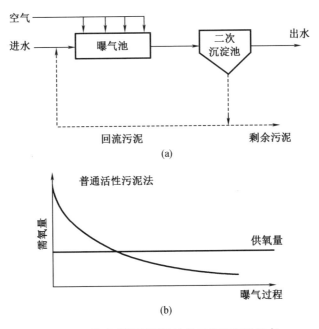

图 4.2 推流式活性污泥法的工艺流程及特点

①耐冲击负荷差。因为其流程为推流式,进入池中的污水与回流污泥在理论上不与池内原有的混合液相混合,而是自己从池子前端涡流向末端,泥水在池内只有横向混合,没有纵向混合,进水水质的变化对活性污泥的影响较大,容易损害活性污泥,因此进水浓度尤其是有抑制物质的浓度不能过高,这样就限制了某些工业废水的应用。

②供氧不能充分利用。因为在曝气池前端废水水质浓度高、污泥负荷

高、生化反应剧烈、需氧速度快、需氧量也大,而后端则相反,生化反应减弱、需氧速度大大变缓、需氧量也小,而空气的供应却是均匀分布,这就形成前段无足够的溶解氧,后段氧的供应大大超过需要,造成氧过剩浪费,动力消耗大。

③容积负荷率低。在处理同样水量时,同其他类型的活性污泥法相比,曝气池相对庞大,占地多,基建费用高。

为此,在传统活性污泥法的基础上进行改进,出现了多种新的运行方式。

(2)阶段曝气法。阶段曝气法又称逐步曝气法,它是除传统法以外使用较为广泛的一种活性污泥法,是普通活性污泥法的一个简单的改进,如图4.3所示。

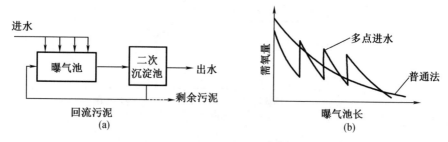

图4.3 阶段曝气法流程及特点

废水并不是集中在池端进入曝气池,而是沿曝气池长分段、多点进水,使有机物在曝气池中的分配较为均匀,因而氧的需要也较为均匀,从而均化了需氧量,避免了前段供氧不足、后段供氧过剩的缺点,同时微生物在食物比较均匀的条件下,能充分发挥氧化分解有机物的能力。阶段曝气法的另一特点是活性污泥浓度不均匀,污泥浓度沿池长逐步降低,前段高于平均浓度,后段低于平均浓度,而在普通活性污泥法曝气池中污泥浓度大致上是均匀的。这样,曝气池流出的混合液浓度较低,可减轻二次沉淀池的负荷,对二次沉淀池的运行有利。实践证明,阶段曝气法可以提高空气利用率和曝气池的工作效率。普通活性污泥法可以很容易地变为多点进水法,可根据具体情况改变进水点的位置、点数和水量,运转较为灵活。根据国外运行经验,与普通活性污泥法相比,阶段曝气法的曝气池容积可缩小30%左右,更适用于大型曝气池及浓度较高的污水。但是由于最后进入曝气池的废水在池子中的停留时间很短,所以出水水质比使用普通活性污泥法的水质稍差。

（3）渐减曝气法。此法是为改进传统法中前部供氧不足及后部供氧过剩问题而提出来的,它的工艺流程与传统法一样,只是供气量沿池长方向递减,使得供气量与需氧量基本一致。具体措施是从池首端到末端所安装的空气扩散设备逐渐减少,曝气池中的有机物浓度随着污水向前推进不断降低,污泥需氧量也不断下降,曝气量也相应减少,这种供气形式使通入池内的空气得到了有效利用,如图4.4所示。

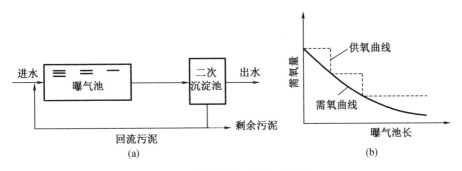

图4.4　渐减曝气法流程及特点

渐减曝气法由于解决了供氧与需氧的矛盾,在供氧相同的情况下,改善了曝气池中溶解氧的分布,提高了氧的利用率,从而可节省了运行费用,提高了处理效果。

（4）吸附再生法。如前所述,活性污泥净化废水的第一阶段主要是依靠污泥的吸附作用。良好的活性污泥同废水混合后在短时间内能够完成吸附作用,吸附再生法就是根据这一发现而发展起来的。图4.5是吸附再生法的流程。

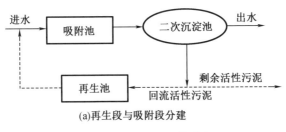

(a)再生段与吸附段分建

图4.5　吸附再生法的流程

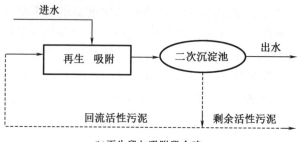

(b)再生段与吸附段合建

图 4.5(续)

此法主要用于处理含悬浮和胶体物较多的废水。废水与活性污泥在吸附池内充分接触,使污泥吸附大部分的悬浮物、胶体状的有机物和一部分溶解性有机物,然后混合流入二次沉淀池进行固液分离,此时,出水已达很高的净化程度。从二次沉淀池排出的回流污泥首先在再生池内进行生物代谢,但池中曝气不进废水,使污泥中吸附的有机物进一步氧化分解。恢复了活性的污泥随后再次进入吸附池,同新进入的废水接触,并重复以上过程,多余的活性污泥要定期排除。吸附池和再生池在结构上可分建,也可合建。合建时,有机物的吸附和污泥的再生是在同一个池内的两部分进行的,即前部为再生段,后部为吸附段,污水由吸附段进入池内。吸附再生法具有以下特点。

①由于废水的吸附时间短,而污泥的代谢又是在与水分离后,在排除了剩余污泥的情况下单独在再生池内进行的,并且受到污泥平均浓度高等原因影响,因此,在污泥负荷率变化不大的情况下,容积负荷率可成倍增加,同时由于生物吸附对悬浮、胶体状态有机物质特别有效,因此,一般可以不设初次沉淀池,而回流污泥的量最多是进水流量的100%,所以吸附池和再生池合建的总容积比普通活性污泥法曝气池容积小得多,有时可减少50%容积,从而可大大节省基建投资。

②由于生物吸附法的回流污泥量大,且大量污泥集中在再生池,当吸附池内污泥遭到破坏,可迅速由再生池的污泥代替,因此其适应负荷变化的能力比普通活性污泥法强,具有一定耐冲击负荷的能力。

③传统法易于改造成生物吸附法系统,以适应负荷的增加。

由于吸附再生法污水与污泥接触的曝气时间比传统法短得多,故去除率较普通活性污泥法低,特别是对溶解性较多的有机工业废水,处理效果更差,同时,为了更好地吸附废水中的污染物质,吸附再生活性污泥法所用的回流污泥量比普通活性污泥法多,剩余污泥的稳定性比普通活性污泥差,增大了回流设备的容积。

2. 完全混合式活性污泥法

完全混合法是目前采用较多的活性污泥法,它与传统法的主要区别在于:混合液在池内充分混合循环流动,因而污水和回流污泥进入曝气池后立即与池内原有混合液充分混合,进行吸附和代谢活动,并代替等量的混合液流至二次沉淀池。

完全混合法的特点如下。

(1)由于进水能与池中混合液立即得到完全混合,实际上就是污染立即得到了稀释,因此,完全混合活性污泥法可以处理浓度较高的废水,只要适当延长曝气时间,即可使曝气池维持正常工作。所以进水水质的变化对活性污泥的影响将降到很低的程度,能较好地承受冲击负荷,最适合处理工业废水,目前我国印染废水生物处理多数采用完全混合法。它在很大程度上克服了普通活性污泥法的主要缺点。

(2)池内各点水质均匀一致,微生物群的性质和数量基本上也相同,因此,曝气池各部分的工作状况几乎完全一致,用活性污泥增长曲线来表示,F/M 值在池内各点几乎相等,它的工作状况恰好是曲线上的一个点。而推流式曝气池从池首到池尾的 F/M 值和微生物都是不断变化的,所以完全混合法可以通过改变 F/M 值得到所期望的某种水质,也有可能把整个池子工作情况控制在良好的条件下进行,有利于微生物的吸附与氧化能力的充分发挥,故它是一种灵活的污水处理方法。在处理效果相同的情况下,它的污泥负荷率将高于其他活性污泥法,与此同时,由于池内需氧均匀,还能节省动力费用。图4.6所示是完全混合法基本流程。

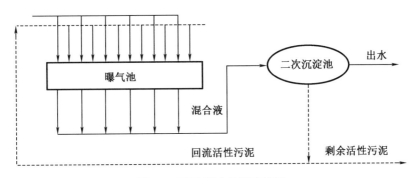

图 4.6　完全混合法基本流程

完全混合法有曝气池和沉淀池两者合在一起的合建式和两者分开的分建式两种。图4.7是采用较多的一种叶轮表面曝气的合建式完全混合式曝气沉淀池。

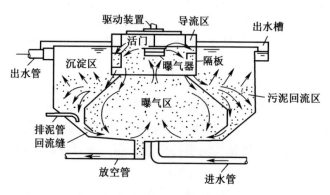

图4.7　合建式完全混合曝气沉淀池

完全混合式曝气沉淀池的池子呈圆形或方形,入口在中心,出口在池周。常采用叶轮供氧,使曝气池内的混合液处于不断循环流动中。当废水和回流污泥进入曝气池后,立即与池内原有混合液完全混合,曝气池出水与池内混合液的成分完全相同。它由曝气区、导流区、沉淀区和回流区四部分组成。曝气区是活性污泥降解废水中有机物的场所,使进入池内的废水和回流污泥立即被完全混合后从回流窗口流入导流区。为了控制回流污泥量,曝气区出流窗孔设有活门,以调节窗孔的大小。导流区是混合液从曝气区到沉淀区的过渡区,它的作用是使污泥凝聚并使气水分离,为沉淀创造条件。混合液进入导流区后,流速降低,使混在液体中的气泡溢出,污泥絮凝成较大颗粒后进入沉淀区。沉淀区是泥水分离场所。沉淀区内水流上升流速很低,使泥水得以分离。澄清水从池周边的溢流堰溢入环形集水槽后排出。沉淀污泥储存在污泥区,污泥区的沉淀污泥借助曝气叶轮抽力造成的压差使污泥沿吸气筒底部四周的回流缝连续进入曝气区。多余的污泥由排泥管排出池外。曝气器下端设池裙,以避免出现死角,设顺流圈以增加阻力,减少混合液和气泡甩入沉淀区的可能。由于曝气区和沉淀区两部分合建在一起,这类池子称为合建式完全混合曝气沉淀池。它布置紧凑,流程短,有利于新鲜污泥及时回流,并省去一套污泥回流设备,因此在小型污水处理厂广泛应用。完全混合法的主要缺点是连续进出水,可能产生短流,出水水质不及传统法理想,易发生污泥膨胀等情况。

六、常用活性污泥处理系统

我国印染废水生化处理多用活性污泥法。活性污泥法使用的曝气池分为完全混合型(一般称为加速曝气池)、延时曝气池(也称为低负荷曝气池)、双级曝气池(也称为高、低负荷曝气池)。从曝气装置来看,大多数为叶轮表面曝气,很少采用鼓风曝气,近几年来射流曝气迅速发展,目前已有十多座射流曝气池投入生产。

(一)几种活性污泥处理系统特点

1. 完全混合型曝气沉淀池(合建式)

(1)污泥负荷可高于传统曝气法。活性污泥的工作点在微生物增殖曲线上的对数期和静止期之间。

(2)污泥回流量比传统曝气池大。可直接由污泥回流缝回流,而不需要设置污泥回流专用泵。回流入曝气池的活性污泥新鲜。由于污泥回流量大,对进水浓度有一定的稀释作用,所以可承受一定量的冲击负荷。

(3)曝气池混合液在全池循环流动,进水很快,和混合液完全混合,池内需氧率比较均匀。

(4)处理出水水质不及传统曝气池好。废水从曝气池底部进入,经曝气叶轮抽升甩出,大部分废水在曝气池中循环,小部分废水由叶轮直接甩出溢流窗孔,进入沉淀池,造成短路。这种情况在高负荷运行时更为明显。

(5)回流污泥的活性不及吸附再生法的活性强。因为活性污泥的吸附、氧化两阶段都在曝气池中完成,混合液中的活性污泥总量中只有一部分起吸附作用,另一部分还未氧化到内源呼吸阶段,活性尚未恢复。

(6)沉淀池污泥的浓缩性差,因为回流污泥浓度接近曝气池中混合液的浓度,为了保证曝气池混合液的污泥浓度,必须有较大的回流量,而过大的回流量又带来沉淀池导流区流速的增加,使沉淀区水流稳定性遭受破坏,影响处理效果。排出的剩余污泥也因浓度稀而增加了污泥浓缩脱水的负担。

(7)活性污泥比较容易发生膨胀,在运行管理上不及其他活性污泥法稳定。

2. 吸附再生活性污泥法(接触稳定法)

(1)将生化处理的第一阶段(吸附)和第二阶段(再生)分别设在两个单元构筑物中进行处理。回流进入曝气池的活性污泥已经过再生池,使吸附在菌胶团上的有机物得到充分氧化,具有较强的活性,吸附能力强。

(2)活性污泥在再生池中曝气,丝状菌由于不适应这种环境而断裂,再生池有抑制丝状菌繁殖,能防止污泥膨胀。

(3)采用鼓风曝气,推流式池型,需氧率随池长变化,不及完全混合曝气池的需氧率均匀和便于均匀供氧。

(4)污泥不能自动回流,必须设置回流污泥泵或空气、水力提升器,污泥回流量比较小。对废水冲击负荷适应性较差。

(5)曝气时间、再生时间与 BOD_5 去除率的关系。

3. 低负荷活性污泥法(延时稳定法)

(1)污泥负荷低,处理效果好,出水稳定性高,污水中可生化的有机物极大部分能去除。只有很小一部分不能去除,这一部分韦斯登(Weston)解释为:从液体中去除的有机质与回到液体中的微生物生化反应产物之间,存在着一个平衡的缘故。

(2)剩余污泥量少,由于曝气池中的活性污泥处于内源呼吸阶段,除在废水中的有机污染质最大限度地去除之外,还氧化了转化到污泥中的有机物质和细胞质。实际上对污泥起到了很好的氧性消化作用。

(3)因为剩余污泥中有机质的氧化比较彻底,剩余污泥的稳定性很高,臭味小,脱水性能好,可直接排往污泥干化场。

(4)营养物质需要量小。因为细胞质氧化所释放出氨、氮被合成为新细胞质。

(5)由于曝气池容积大,能适应冲击负荷,一般可不设调节池。

(6)由于曝气池容积大,占地面积也大,相应的建设费用高。

(7)污泥泥龄长,供给的氧量有一部分用于污泥的氧化,因此总需氧量比其他活性污泥法要高。根据国外资料显示,每消化 1 kg 活性污泥需氧 1.9 kg。

4. 滚动蜗流式及编流式曝气池

德意志联邦某公司研究的滚动蜗流式及日本某公司研究的编流式曝气池,从废水的流态来看,它们既属于完全混合型又近似推流式,混合液与新进入的污水能瞬时混合,并且在池内循环流动,消除了短路现象,应该称为充分混合型。这种曝气池的曝气效率高,搅拌混合效果相当好,允许进水浓度高,BOD_5 去除效率也高。

据报道,滚动蜗流式曝气池由于进水、回流污泥、充氧量、搅拌和混合协调一致,可使曝气池内氧含量保持均衡。曝气池通常的负荷可高达

10 kgBOD$_5$/m^3,处理效率可达97%,最大进水浓度为BOD$_5$=10 000 mg/L,每去除1 kgBOD$_5$耗电量约为0.5~2.0 kW。

5. 渐减曝气法

这种方法是针对推流式曝气池在整个池长方向上对所供氧气的利用速率不一致而提出的,目的是使供氧速率与耗氧速率相一致,以提高空气利用率,降低经常运行费用,更有效地管理曝气池。

6. 双级充分混合型曝气池

(1)具有完全混合型曝气池高负荷的特点。

(2)具有吸附再生法的回流污泥经过再生恢复其活性的特点。在低负荷部分的活性污泥实际上起再生池的作用。

(3)具有低负荷性污泥法处理水质好、需要营养料少的特点。

(4)如渐减曝气法那样,随着污染质在沿池长不断降低,供氧量也随着降低的特点。在高负荷部分供氧充足,低负荷部分供氧减少。

(5)具有"留贝克"式和"编流"式曝气池的泥、水、气三者充分混合的特点。

(6)由于废水在低负荷阶段运行,供入的部分氧为氧化污泥所用,供氧量略高于高负荷曝气池;

(7)由于曝气池分成数格,而必须分设数套曝气装置,故设备数量多,维护保养工作最大,管理比较麻烦。本处理系统适用于印染厂排水管道清浊分流比较彻底和生化需氧量较高的废水。

印染废水中大部分有机物容易被微生物分解,还有一部分虽然也能被微生物分解,但必须经过微生物的转化,首先转化成中间产物,然后再经生化达到无机化,这就需要有一个比较复杂的转化过程,需要一定的时间和较低的污泥负荷,使其得到充分氧化的机会。本系统中第一级曝气池主要以较短的曝气时间和较高的污泥负荷,处理大量容易被微生物分解的有机物,解决废水中的主要矛盾。剩下较难分解的有机物和第一级曝气池中被活性污泥吸附而尚未氧化的部分有机物,可以在第二级曝气池中继续处理或再生。在运行中控制食料和供氧量,使第一级曝气池中的微生物始终处于对数生长阶段,第二级曝气池中的微生物处于内源呼吸阶段。回流入第一级曝气池的污泥,实际上已经在第二级曝气池中得到了再生,所以其活性强。

六、活性污泥的培养和驯化

1. 培养

所谓活性污泥的培养,就是为活性污泥的微生物提供一定的生长繁殖条件,即在合适的营养物质、溶解氧、温度和酸碱度等条件下,经过一段时间,就会有活性污泥形成,并且在数量上逐渐增长,最后达到处理废水所需的污泥浓度。

培养活性污泥,首先要解决菌种和营养两个问题。对城市污水或与之类似的工业废水,由于营养和菌种都已具备,可用其初步沉淀水在曝气池内进行连续曝气,一般在 15~20 ℃条件下经 1 周左右就会出现活性污泥絮凝体,并及时适当地换水和排放剩余污泥,以补充营养和排除代谢产物。按补充营养物质和排除代谢产物的方式不同,活性污泥培养法分为间歇法和连续法两种。

(1)间歇法。间歇法是通过间歇性换水培养污泥,即混合液从曝气到开始出现活性污泥絮凝体后,停止曝气,静置沉淀 1~1.5 h,排放占总体积60%~70%的上清液,再补充生活污水或粪便水,继续曝气,直到满足混合液污泥浓度。第一次换水后,应每天换水一次,这样重复操作 7~10 d,便可使活性污泥成熟。此时,污泥具有良好的凝聚和沉降性能。

(2)连续法。连续法是通过连续进水、出水和回流的方式培养污泥。当池容积大,采用间断换水有困难时可改用连续换水,即当池中出现活性污泥絮凝体后,可连续地向池内投加生活污水,并连续地出水和回流,其投加量可控制在池内每天换水一次的程度。当水温在 15~20 ℃时,污泥经 2 周左右即可培养成熟。

但在实际工作中,一般把这两种方法结合起来,先间歇后连续。对于其他工业废水,如印染废水,其菌种的来源很多,如同类处理厂排出的剩余污泥、城市污水处理厂污泥、排水沟淤泥等。营养物质有化肥、粪便水、生活污水等。

2. 驯化

在工业废水处理系统的培菌阶段后期,生活污水和外加营养量逐渐减少,工业废水比例逐渐增加,最后全部接纳工业废水,这个过程称为驯化。

如果工业废水的性质和生活污水相差很大时,就应对活性污泥进行必要的驯化,使活性污泥微生物群体逐渐形成适合代谢特定工业废水的酶系统。在驯化过程中,使能分解工业废水的微生物数量增加,逐渐淘汰不能适应的微生物,从而使驯化过的活性污泥具有处理该种工业废水的能力。活性污泥的培养和驯化可分为异步培驯法、同步培驯法和接种培驯法三种。异步法即先培养后驯化;同步法则培养和驯化同时进行;接种法则利用其他适合工厂处理设备的剩余污泥,再进行适当培养和驯化。

注意:在驯化时使工业废水比例逐渐增加,生活污水比例逐渐减少,每变化一次配比时,须保持一段时间,待运行稳定后方可再次变动配比,直到驯化结束。

七、活性污泥法系统常见的异常情况

1.污泥膨胀

活性污泥的凝聚性和沉降性恶化以及处理水浑浊的现象总称为活性污泥的膨胀。污泥膨胀会导致污泥结构松散,沉降性差,造成污泥上浮而随水流失。并且由于污泥大量流失,使得曝气池中混合液浓度不断降低,严重时甚至破坏整个生化处理过程,是活性污泥系统的一大隐患。

污泥膨胀可大致区分为丝状体膨胀和非丝状体膨胀两种。大多数污泥膨胀是由于丝状微生物大量繁殖,菌胶团的繁殖生长受到抑制的结果。

(1)导致丝状体微生物大量繁殖的原因。

①溶解氧浓度。丝状微生物在低溶解氧条件下能生长良好,甚至能在厌氧条件下残存而不受影响。

②冲击负荷。如果曝气池内有机物超过正常负荷,污泥膨胀程度提高,使絮凝体内部溶解氧消耗提高,在菌胶团内部产生了适宜丝状体生长的低溶解氧条件,从而促使丝状体微生物的分支超出絮凝体,加剧了氧的接通困难,从而又导致了内部丝状体的发展。

③混合液碳氮比例失调。碳素增加,氮素不足。一般细菌的营养配比为 $BOD_5 : N : P = 100 : 5 : 1$,但磷含量不足,$C : N$ 升高时,这种营养情况就适宜丝状菌生活。

④pH 偏低。丝状菌宜在酸性环境中生长,菌胶团宜在 pH = 6~8 的环境中生长。

⑤水温偏高。丝状菌宜在高温下生长繁殖,而菌胶团要求温度适宜。

解决污泥膨胀的办法因产生原因而异,概括起来就是预防和抑制。预防即要加强管理,及时监测水质、曝气池污泥沉降比、污泥指数、溶解氧等,发现异常情况,及时采取措施。污泥发生膨胀后,要针对发生膨胀的原因,采取相应的解决方法。

（2）制止措施。

①严格控制污泥负荷。一旦出现污泥膨胀,立即减少进水量,进行低负荷运行。

②严格控制溶解氧。溶解氧过高或过低都容易引起污泥膨胀,当进水浓度大和出水水质差时,应加强曝气。提高供氧量,最好保持曝气池的溶解氧在 2 mg/L 以上。

③加大排泥量。促进微生物新陈代谢过程,以新污泥置换老污泥。

④降低碳素营养。当发现污泥膨胀时,曝气池中因碳太高而使碳氮比失调时,应立即撤出退浆废水,降低废水中的碳水化合物含量,对抑制丝状菌生长有一定效果。

⑤投加粪便水。实践证明,粪便水对污泥膨胀有明显的抑制作用。

⑥投加化学药剂。如加氯可以起凝聚和杀菌的双重作用,在回流污泥中投加漂白粉或液氯可抑制丝状菌生长,投加硫酸铝、氯化铁可进行混凝。

2. 污泥上浮

在二次沉淀池或沉淀区常出现污泥上浮现象。一是由于反硝化造成污泥成块上浮,积存在污泥斗内的污泥,因缺氧进行反硝化释放出氮气,使污泥相对密度减小而成块上浮。此种上浮污泥呈灰白色,无臭味。二是在沉淀池内污泥由于缺氧而腐化（污泥产生厌氧分解）,产生大量甲烷及二氧化碳气体附着在污泥体上,使污泥相对密度变小而上浮,因腐化而上浮的污泥呈黑色,H_2S 产生恶臭。三是因附在污泥上的气泡没有在导流区脱尽,带入沉淀区后污泥呈小颗粒分散而上浮,然后在水面上汇集成片。上浮污泥可用高压水冲碎,使其中气体排出后自行下沉。

防止污泥上浮的办法如下。

（1）因反硝化造成污泥上浮,应减少曝气,防止反硝化出现,及时排泥,减少污泥在沉淀中的停留时间,减少曝气池进水量,以此减少二次沉淀池中的污泥量。

（2）因腐化造成污泥上浮,应加大吸气量,以提高出水溶解氧含量,或疏通堵塞,及时排泥。

（3）因气泡未脱尽造成污泥上浮,应减少污泥回流比,扩大导流区断面,提高气水分离效果。

3.泡沫问题

纺织印染废水含有大量洗涤剂及其他起泡物质,在曝气池中因曝气而形成大量气泡,表面机械曝气时,气泡隔绝了空气与水的接触,减小以至于破坏叶轮的充氧能力,影响曝气池正常运行,不仅给运行操作增添困难,而且在泡沫表面吸附大量活性污泥固体后,影响二次沉淀池沉淀效果,恶化出水水质,有风时随风飘散,影响环境卫生。因此,在废水进入曝气池之前,应预先除去其中的洗涤剂,当曝气池形成泡沫时,应进行消泡。消泡措施有以下几种。

(1)提高曝气池中活性污泥的浓度,这是一种有效控制泡沫的方法。

(2)投加粉状活性炭或消泡剂,如机油、煤油等。但应注意,油类本身也是一种污染物质,投加过多会造成二次污染,且对微生物的活性也有影响。

(3)淋水消泡,在曝气池上安装喷洒管网,用压力水(处理后的废水或自来水)喷洒。

第四节 好氧生物处理技术——生物膜法

一、生物膜法

生物膜法是根据土壤自净的原理发展起来的。土壤自净是土壤依靠自身的组分、功能和特性,通过物理、化学和生物化学的一系列变化,使污染物分解转化掉,从而保持一定程度的稳定状态。最早人们利用污水灌溉农田,发现了土壤渗滤作用对污水中有机物有净化作用,因此,用人工方法建造了间歇砂滤池及接触滤池。继而采用较大颗粒的滤料,建成了所谓的滴滤池,现一般称为生物滤池。最早的生物滤池于1893年在英国试验成功,1900年用于污水处理。

生物膜法是与活性污泥法并列的另一种好氧生物处理法。从微生物对有机物降解过程的基本原理上分析,生物膜法与活性污泥法是相同的,两者的主要不同点在于微生物在处理构筑物中存在的形式不同。在活性污泥法中,主要是依靠曝气池中悬浮流动着的活性污泥来分解有机物,而生物膜法则依靠固着于载体表面的微生物膜来净化有机物,生物膜是覆盖在滤料或填料表层,长满了各种微生物的黏膜。利用生物膜净化废水的装置统称为生物膜反应器。

二、生物膜法的净化机理

(一)工作原理

污水通过滤池时,滤料截留了污水中的悬浮物质,并把污水中的胶体物质吸附在自己的表面,它们中的有机物使微生物很快繁殖起来,这些微生物又进一步吸附了污水中呈溶解状态的物质,填料表面逐渐形成了一层生物膜。生物膜主要由细菌的菌胶团和大量的真菌丝组成,其中还有许多原生动物和较高等动物生长。生物膜不仅具有很大的表面积,能够大量吸附污水中的有机物,而且具有很强的降解有机物的能力。当有足够的氧时,生物膜就能分解氧化所吸附的有机物。在有机物被降解的同时,微生物不断进行自身的繁殖,当生物膜的厚度达到一定值时,由于氧传递不到较厚的生物膜中,使好氧菌死亡并发生厌氧作用,厌氧微生物开始生长。当厌氧层不断加厚,由于水力冲刷和生物膜自重的作用,再加上滤池中某些动物的活动,生物膜将会从滤料表面脱落下来,随着污水流出池外。由此可见,生物膜的形成是不断发展变化、不断新陈代谢的。去除有机物的活性生物膜,主要是表面的一层好氧膜,其厚度视充氧条件而定。

(二)生物膜去除有机物的过程

图4.8可有助于分析研究生物膜对废水的净化作用,这是把一小块滤料放大后的示意图。从图上可以看出,滤料表面的生物膜可分为厌氧层和好氧层,在好氧层表面是一层附着水层,通过布水装置流到处理设备的废水,以滴流形式下落,或以一定速度流过填料表面,由于微生物的作用,在填料表面上慢慢形成一层水膜,这就是附着水层,其余废水则以薄层状流过其表面,成为流动水层,因为附着水层直接与微生物接触,其中的有机物大多已被微生物所氧化,因此,有机物浓度很低。而流动水层,即是进入生物滤池的待处理废水,有机物浓度较高。

生物膜去除有机物的过程包括:有机物从流动水中通过扩散作用转移到附着水中去,同时氧也通过流动水、附着水进入生物膜的好氧层中,生物膜中生长着大量好氧性微生物,形成了有机污染物→细菌→原生动物(后生动物)的食物链。通过细菌的代谢活动,有机物被降解,使附着水层得到净化,代谢产物如水及二氧化碳等无机物沿相反方向排至流动水层及空气中,而在传质的作用下,流动水层中的有机污染物传递给附着水层,从而使流动水层在流动的过程中逐步得到净化。内部厌氧层的厌氧菌利用死亡的好氧菌及部分有机物进行厌氧代谢,代谢产物如有机酸等转移到好氧层或流动水层中。生物膜成熟的标志是生物膜沿填料长度垂直分布具有一定厚度,生物膜是细菌和各种微生物组成的一个稳定生态体系,有机物的降解功能达到了平衡和相对稳定状态。生物膜成熟后,微生物仍继续增殖,使膜的厚度不断增加。但当厌氧性膜过厚,代谢产物过多,两种膜间的平衡失调,好氧性膜上的生态系统遭到破坏,生物膜呈老化状态而脱落(自然脱落),新的生物膜又重新形成。生物膜法就是通过生物膜的挂膜→成熟→老化→脱落的周期周而复始地进行着,从而使废水得到净化的。

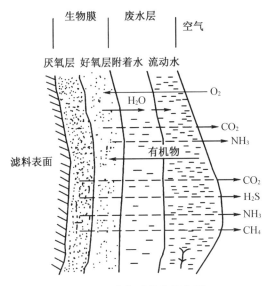

图 4.8　生物膜构造示意图

(三)生物膜法的处理构筑物

在纺织印染废水处理中,常用的生物膜法主要有生物接触氧化法、生物转盘法和生物活性炭法等。

1.生物接触氧化法

生物接触氧化法,早在 20 世纪 40 年代已有应用,到了 20 世纪 70 年代,由于塑料工业的发展,为接触氧化法提供了轻质、高强、比表面积大的填料,使生物接触氧化法获得了广泛的应用。由于生物接触池内采用与曝气池相同的曝气方法,提供微生物氧化有机物所需要的氧量,并起搅拌混合作用,所以又被称为接触曝气池。而氧化池内的填料,全部淹没在废水之中,相当于一种浸没于废水中的生物滤池,所以也称淹没式滤池。可见,生物接触氧化法是一种具有活性污泥法特点的生物膜法,它综合了曝气池和生物滤池的优点,避免了两者的缺点,因此,深受人们重视。

(1)生物接触氧化池的构造。生物接触氧化法系统由接触氧化池和二次沉淀池组成,常用的接触氧化池按不同的曝气方式分类,具有两种形式,即鼓风曝气生物接触氧化池和表面曝气生物接触氧化池,如图4.9和图4.10所示。

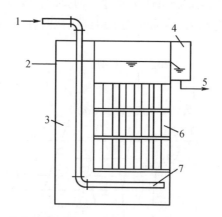

1—空气;2—进水;3—配水室;4—集水槽;5—出水;6—填料;7—多孔管。

图4.9 鼓风曝气生物接触氧化池

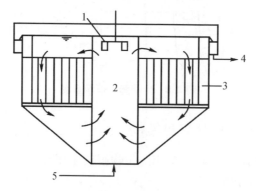

1—曝气叶轮;2—充气间;3—填料间;4—出水;5—进水。

图4.10 表面曝气生物接触氧化池

鼓风曝气生物接触氧化池按曝气装置位置的不同,又分为分流式接触氧化池和直流式接触氧化池两种,如图4.11和图4.12所示。

分流式接触氧化池,曝气器设在池子的一侧,填料设在另一侧,污水在池内不断循环。由于水流的冲刷作用小,生物膜只能自行脱落,更新速度慢,且易于堵塞。直流式接触氧化池,在塑料填料下面直接布气,生物膜受气流和水流同时搅动,不仅供氧充足,而且对生物膜起到了搅动作用,加速了生物膜的更新,使生物的活性提高。如果从污泥龄来看,由于平均污泥龄低,微生物总是处在很高的活力下工作,且不易堵塞。目前,国内纺织印染废水处理多数采用直流式接触氧化池。

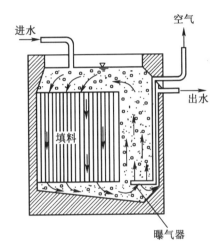

图4.11 分流式接触氧化池

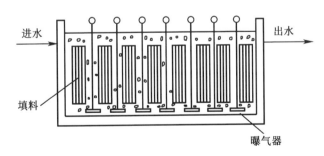

图4.12 直流式接触氧化池

表面曝气生物接触氧化池由充氧间和填料间组成,废水在池内循环流动,气、水和生物膜三者得到充分接触,水中溶解氧较高,处理效果较好,主要作为三级处理和给水的预处理。

（2）生物接触氧化法的特点。

①接触氧化池生物膜中的微生物很丰富，除细菌以外，球衣菌等丝状菌不断生长，并且繁殖着多种原生动物和后生动物，形成一个复杂的生态系统，其生物量比活性污泥法多几倍，所以生物接触氧化法是一种高效能的废水生物处理方法，而且对进水冲击负荷的适应力强。但生物膜的厚度随负荷的增高而增厚，负荷过高，则生物膜过厚，易引起填料堵塞。故负荷不宜过高，同时要有防堵塞的冲洗措施。

②处理时间短，在处理水量相同的条件下，所需装置的设备较小，因而占地面积也小。但布气、布水不易均匀，填料及支架等往往导致建设费用增加。

③克服污泥膨胀。生物接触氧化法与其他生物膜法一样，不存在污泥膨胀问题，对于那些用活性污泥法容易产生膨胀的污水，生物接触氧化法特别显示出其优越性。容易在活性污泥法中产生膨胀的菌种，在接触氧化法中，不仅不产生膨胀，而且能充分发挥其分解氧化能力强的优点。并且它还特别适合间歇运转。

④维护管理方便，不需要回流污泥。由于微生物是附着在填料上形成生物膜的，生物膜的剥落与增长可以自动保持平衡，所以无须回流污泥，运转十分方便，且剩余污泥量少。但大量产生的后生动物容易造成生物膜瞬时大块脱落，影响出水水质。

（3）填料的类型。填料是生物膜赖以栖息的场所，是生物膜的载体，同时也有截留悬浮物的作用。因此，载体填料是接触氧化池的关键，直接影响生物接触氧化法的效能。

载体填料的要求是易于生物膜附着，比表面积大，孔隙率大，水流阻力小，强度大，化学和生物稳定性好，经久耐用，截留悬浮物质能力强，不溶出有害物质，不引起二次污染，与水的相对密度相差不大，避免氧化池负荷过重，能使填料间形成均匀的流速，价廉易得，运输和施工方便。

废水生化处理中使用的填料大体有蜂窝型填料、软性填料、半软性填料、组合填料、弹性填料、悬浮填料和其他新型填料等种类。

①蜂窝型填料。蜂窝型填料一般有斜管和直管两种形式，材质有聚丙烯、聚氯乙烯和玻璃钢三种。斜管主要用于各种沉淀池、沉砂池；直管主要用于生化滤池、接触氧化池及生物转盘的微生物载体。由于此类填料比表面积大，孔隙率高，通风阻力小，不仅处理效率较高，而且水力负荷、有机负

荷均能明显提高;动力消耗低,产生的污泥量少,且沉降性能好;耐水质、水量的冲击负荷。早期的氧化池多数采用此种填料,但如果使用不当可能会产生局部堵塞现象。

②软性填料。为了节省费用和克服局部堵塞问题,可以采用纤维型软性填料,它由化学纤维如维纶、腈纶、涤纶和锦纶等模拟天然水草形态加工而成。此类填料的纤维丝在水中横向展开、分布均匀,具有比表面积大、利用率高、生物膜易结、孔隙可变不堵塞、适用范围广、造价低、运费少等优点,但是由于纤维束易于结球,中间呈厌氧状态,大大减小了表面积,因而处理效果并不理想。

③半软式填料。为了解决纤维束结死球的问题,开发了半软性填料,用雪花状的塑料制品代替纤维束,这在一定程度上克服了软性填料的缺点。

④组合填料。组合填料是在软性填料与半软性填料的基础上发展而成的,它兼有两者的优点。其结构是将塑料圆片压扣改成双圈大塑料环,将醛化维纶或涤纶丝压在环的外圈上,使纤维束均匀;内圈是雪花状塑料枝条,既能挂膜,又能有效切割气泡,提高氧的转移速率和利用率。纤维束在中间塑料环片的支撑下,避免了中心结团的现象。同时又能起到良好的布水、布气作用,接触传质条件好,氧的利用率高,使气、水、生物膜得到充分交换,水中的有机物得到高效的处理,对污水浓度适应性强。

⑤弹性填料。弹性填料筛选了聚烯烃类和聚酰胺中的几种耐腐、耐温、耐老化的优质品种,混合以亲水、吸附、抗热氧等助剂,采用特殊的拉丝、丝条制毛工艺,将丝条穿插固着在耐腐、高强度的中心绳上,由于选材和工艺配方精良,刚柔适度,使丝条呈立体均匀排列辐射状态,制成了悬挂式立体弹性填料的单体,填料在有效区域内能立体全方位地舒展,使气、水、生物膜得到充分接触交换,生物膜不仅能均匀地着床在每一根丝条上,保持良好的活性和孔隙可变性,而且能在运行过程中获得越来越大的比表面积,又能进行良好的新陈代谢。

⑥悬浮填料。悬浮填料由高分子聚合物注塑而成的多孔球状骨架笼和经特殊拉丝而成的弹性丝或多孔隙率的聚合物凹凸滤网组成。使用时直接投入池中,在水中似沉非沉,能全方位自由活动。微生物挂膜快,生物膜易脱落,材质稳定,耐酸、耐碱、耐老化、长期不需更换、剩余污泥极少、使用方便。

2.生物转盘法

生物转盘是从20世纪50年代开发的一种生物膜废水处理设备。由于它具有很多优点,受到人们的重视,并且迅速在各种废水的处理上得到应用。

(1)结构。生物转盘的主体部分由盘片、转轴和氧化槽等组成。氧化槽的断面为半圆形,盘片的盘面近一半浸没在废水水面之下,盘片上长着生物膜。盘片在与之垂直的水平轴带动下缓慢地转动,浸入废水中那部分盘片上的生物膜便吸附废水中的有机物,同时也分解所吸附的有机物,当转出水面时,生物膜又从大气中吸收所需的氧气而不必进行人工曝气,并继续氧化所吸附的有机物,随着盘片的不断转动,盘片上的生物膜与废水和大气交替接触,反复循环,使废水中的有机物在好氧微生物(即生物膜)作用下不断进行吸附、吸氧和氧化降解等过程,最后得到净化。因而要求转盘的材料质轻、高强、耐腐、不易变形、比表面积大等。常采用聚氯乙烯塑料和聚苯乙烯塑料以及玻璃钢等材料。在处理过程中,盘片上的生物膜不断地生长、增厚,过剩的生物膜靠盘片在废水中旋转时产生的剪切力剥落下来,如果盘片的间距适中就可防止相邻盘片之间空隙的堵塞,因为间距太大,转盘的有效表面积减小,间距太小,通风不良,易于堵塞。然后脱落下来的絮状生物膜悬浮在氧化槽中随水流出,脱落的膜靠设在后面的二次沉淀池除去,并进一步处置,但不需回流。

生物转盘的布置方式一般有单相单级、单轴多级和多轴多级等几种。一般条件下,每级生物转盘的处理效率通常是一个常数,采用多级的生物转盘可以提高处理效果。一般认为采用3级或4级,有机物的处理效率已可达90%~95%,级数再多就没有必要了。所以一般不宜超过4级。

(2)特点。与活性污泥法相比,生物转盘具有很多特有的优越性,如它不会发生活性污泥法中污泥膨胀的现象,因此,可以用来处理浓度高的有机废水;废水与盘片上生物膜的接触时间比较长,可忍受负荷的突变;脱落的生物膜比活性污泥法易沉淀;管理特别方便,运转费用亦省。但由于国内塑料价格较高,所以其基建投资还相当高,占地面积亦较大。故往往在废水量小的治理工程中采用生物转盘法来处理。

(3)技术条件。生物转盘的转动速度是重要的运行参数,必须适当地选择。转速过大,有损设备的机械强度,耗电量大,而且由于转速过大而引起较大的剪切力,易使生物膜过早地剥离。

(4)生物膜的培养与驯化。生物膜的培养称为挂膜。挂膜就是接种,就是使微生物吸附在固体支撑物(滤料、盘片等)上。但是只进行接种,即使接种量再大也不能形成生物膜,因为吸附在固体支撑物上的污泥或菌种不牢固,易被水冲走,所以接种后应创造条件,使已接种的微生物大量繁殖,牢固地吸附在固体支撑物上,这就需要连续不断地供给营养物。因此,在挂膜过程中应同时投加菌液和营养物,待挂膜结束后才逐步提高水力负荷。挂膜后应对生物膜进行驯化,使之适应所处理污水的环境。在挂膜过程中,应经常对生物相进行镜检,观察生物相的变化。挂膜驯化之后,系统即可进入试运转,测定生物膜法处理设备的最佳工作运行条件,并在最佳条件下转入正常运行。

3. 生物活性炭法

生物净化法和活性炭吸附法是两种有效的水处理技术,均具有各自的优缺点。如生物净化法去除废水中有机物的效率高,运行费用低,但运行管理比较复杂,处理程度受到限制。活性炭吸附法虽然处理高效,但其价格昂贵,吸附容量较小,在使用上受到一定限制。以往人们总是把它们截然分开,实际上,在同一装置内,活性炭对有机物质的吸附和微生物的氧化相互促进,协同进行,可以大大提高其处理能力,是一种经济有效的方法。这种方法在城市废水、纺织印染、化工染料等工业废水处理中已取得良好的效果。按不同的运行方式,生物活性炭法可分为粉状炭活性污泥法和粒状炭生物膜法两种,纺织印染废水处理中主要采用后者,故仅介绍粒状炭生物膜法。

采用该法处理废水,在废水净化初期,主要靠活性炭的吸附作用去除有机物,将废水中的有机物、溶解氧和微生物富集其表面,为微生物的生长繁殖创造一个良好的环境。因此,在很短的时间内可以取得较高的处理效果。随着微生物的生长繁殖,在活性炭表面形成不连续的生物膜占据部分吸附表面,有机物去除率下降。随着生物活性逐渐加强,活性炭的吸附与生物氧化协同进行,处理效果上升并趋于稳定,该法增加了系统对冲击负荷和温度变化的稳定性,同时,由于活性炭的吸附作用,大大延长了有机物与微生物的接触时间,使一些较难降解的有机物也能获得氧化分解,提高了难生物降解有机物的去除率和出水水质。由于活性炭吸附与生物氧化协同进行,采用粒状炭生物膜法处理印染废水,活性炭使用周期可达18个月以上,可大大延长活性炭的使用周期。

第五节 厌氧生物处理技术

一、概述

废水的厌氧生物处理是指在无氧条件下，借助厌氧微生物的新陈代谢作用分解废水中的有机物质，使之转变为小分子无机物质的处理过程。

厌氧处理技术发展至今已有一百多年的历史，最早用于处理粪便污水或城市污水处理厂的剩余污泥。普通厌氧生物处理法的主要缺点是水力停留时间长、有机负荷低、消化池的容积大及基建费用高，这些缺点限制了厌氧生物处理技术在各种有机废水处理中的应用。

20世纪70年代以来，能源危机导致能源价格猛涨，人们才开始意识到开发高效节能厌氧生物处理技术的重要性。经过广泛、深入的研究，开发了一系列高效的厌氧生物处理反应器，大幅度地提高了厌氧反应器内污泥的持有量，使废水处理时间大大缩短，处理效率成倍提高。近年来，厌氧生物处理技术不仅用于处理有机污泥、高浓度有机废水，而且还能有效地处理城市污水等低浓度污水，具有十分广阔的发展前景，在废水生物处理领域发挥着越来越大的作用。

二、处理原理

有机物的厌氧消化过程由两个阶段组成。第一阶段常被称作酸性发酵阶段，即由发酵细菌把复杂的有机物水解成低分子中间产物，如脂肪酸、醇类、CO_2 和 H_2 等，因为在该阶段有大量脂肪酸产生，使发酵液的 pH 降低，所以此阶段被称为产酸阶段。第二阶段是由产甲烷细菌将第一阶段的一些发酵产物进一步转化为 CH_4 和 CO_2 的过程。由于有机酸在第二阶段不断被转化为 CH_4 和 CO_2，同时系统中有 NH_4^+ 的存在，使发酵液的 pH 不断上升，所以此阶段被称为碱性发酵阶段。

三、厌氧生物处理的优点

(1)与好氧生化法相对比,其 COD_{cr}:N:P 为(200~350):5:1,所需的氮、磷营养物较少,且不需充氧,故耗电也少。

(2)由于厌氧微生物增殖缓慢,处理同样数量的废水仅产生相当于好氧法 1/10~1/6 的剩余污泥,达到一步消化,故可降低污泥处理费用。

(3)可以直接处理基质浓度很高的污水或污泥,COD_{cr} 负荷可以达到 $3.2~32\ kg/(m^3 \cdot d)$,而好氧系统仅为 $0.5~3.2\ kg/(m^3 \cdot d)$。

(4)对难降解高分子有机物的分解效果好。如处理含表面活性剂废水无泡沫问题,可以转化氯化有机物,减少氯化有机物的生物毒性,某些高氯化脂肪族化合物在好氧情况下生物不能降解,却能被厌氧生物转化。

(5)污染基质降解转化产生的消化气体中含有 CH_4,CH_4 为高能量燃料,可作为能源加以回收利用。

(6)能季节性或间歇性运行,厌氧生物可以降低内源代谢强度,使厌氧生物在饥饿状态下存活很长时间,所以厌氧污泥可以长期存放。

四、厌氧生物处理的缺点

(1)由于厌氧微生物增殖缓慢,故系统启动时间较长。

(2)往往只能作为预处理工艺来使用,厌氧出水还需要进一步处理。厌氧方法虽然负荷高、去除有机物的绝对量与进液浓度高,但其出水 COD_{cr} 浓度高于好氧处理,仍需要后处理才能达到较高的处理要求。

(3)对温度的变化比较敏感,低温下动力学速率低,温度的波动对去除效果影响很大。

(4)对负荷的变化也较敏感,尤其对可能存在的毒性物质,运行中需特别小心,如氯化的脂肪族化合物对甲烷菌的毒性比好氧异养菌大。

五、应用

根据厌氧生物处理的原理,人们开发出采用完整的厌氧生物处理加后续好氧生物处理工艺,但存在工艺投资大,操作运行复杂,水力停留时间长,占地面积大,处理浓度较低的有机污水昂贵等缺点。因此,人们开始探讨利用厌氧生物不同阶段的处理来解决废水处理的实际问题,提出在厌氧段摒弃厌氧过程中对环境要求严、敏感且降解速率较慢的产甲烷阶段,利用厌氧处理的前段——水解酸化过程。20世纪80年代后,水解-酸化预处理在工业废水处理中的应用获得了极大的成功,使厌氧生物处理装置的容积大大减小,同时省去了气体回收利用系统,基建投资大幅度下降。

水解-酸化法的作用原理是通过兼性厌氧菌的水解、酸化微生物高效分解好氧条件下难以降解的有机物,通过废水 BOD_5/COD_{cr} 的提高,以利于后续的好氧生物处理的高效运行。通过水解-酸化过程,在常温下完全可以迅速地将固体物质转化为溶解性物质,复杂的大分子有机物降解为易于生物处理的小分子有机酸、醇,大大提高废水的可生化性,缩短后续好氧处理工艺的停留时间,提高 COD_{cr} 的去除率。厌氧污泥起到吸附和水解-酸化的双重作用,抗冲击负荷能力强,可为后续的好氧处理提供稳定的进水水质。如印染废水中含有大量难以好氧降解的聚乙烯醇和表面活性剂,经过水解-酸化预处理可使 PVA 和表面活性剂大分子断链,从而减少后续曝气池所产生的泡沫,与仅有好氧法处理相比,水解-酸化加好氧处理工艺对 PVA 的去除率大大提高了。

第五章 印染废水污泥的处理

第一节 工业废水污泥概述

一、污泥的分类

工业废水经过物理法、化学法、物理化学法和生物法等处理后产生的沉淀物、颗粒物和漂浮物等，统称为污泥。虽然污泥的体积比处理废水体积小得多，如利用活性污泥法处理时，剩余活性污泥体积通常只占到处理废水体积的1%以下，但污泥处理设施的投资却占到总投资的30%~40%，甚至超过50%。另外污泥成分复杂，且含有大量的有害、有毒物质，如寄生虫卵、病原微生物、细菌、重金属离子及某些难分解的合成有机物等，它们的随意排放将对周围环境产生严重污染。因此，无论是从污染物净化的完善程度，还是从废水处理技术开发中的重要性及投资比例来讲，污泥处理都占有十分重要的地位，只有将污泥及时、有效及合理处理和处置，才能使容易腐化发臭的有机物得到稳定处理；使有毒、有害物质得到妥善处理或利用；使有用物质得到综合利用，从而确保污水处理效果，防止二次污染。总之，污泥处理和处置的目的是减量化、稳定化、无害化及资源化。

污泥的组成、性质和数量主要取决于废水的来源,同时还与废水处理工艺有着密切的关系,按污泥所含主要成分可分为以有机物为主的有机污泥和以无机物为主的无机污泥;按废水处理工艺的不同,污泥可分为以下几种。

(1)初次沉淀污泥。来自初次沉淀池,其性质随废水的成分而异。

(2)腐殖污泥。来自生物膜法和活性污泥法后的二次沉淀池的污泥,称作腐殖污泥。

(3)剩余活性污泥。来自活性污泥法后的二次沉淀池的污泥,称作剩余活性污泥。

(4)消化污泥。生污泥(初次沉淀污泥、腐殖污泥、剩余活性污泥)经厌氧消化处理后产生的污泥,称作消化污泥。

(5)化学污泥。用混凝、化学沉淀等化学方法处理废水所产生的污泥,称作化学污泥。

二、污泥的性质

(一)污泥的理化性能

污泥的理化性能主要包括有机物(挥发性固体)和无机物(灰分)的含量、植物养分含量、有害物质(重金属)含量、热值等。

挥发性固体是指在 600 ℃下能被氧化,并以气体逸出的那部分固体,通常用来表示有机物含量。灰分是指在该温度下剩余部分,通常表示无机物含量。污泥中含有较多的有机物,可用来改善土壤结构,提高保水性能和保肥能力,是良好的土壤改良剂。污泥又含较多的氮、磷、钾等植物养分,可以作为肥料;污泥也有较高的热值,干燥后相当于褐煤,可以直接用作燃料或发酵后产生沼气作为燃料使用等。

(二)污泥的脱水性能

不同类型污泥脱水性能差别很大,脱水难度也不同,通常可用以下两个指标来评价其脱水性能。

1.污泥过滤比阻(r)

其物理意义是在一定压力下过滤时,单位干重的污泥滤饼,在单位过滤面积上的阻力,单位为 m/kg。比阻越大的污泥,越难过滤,其脱水性能也越差。

2. 污泥毛细吸水时间(C_{ST})

其值等于污泥与滤纸接触时,在毛细管作用下,水分在滤纸上渗透 1 cm 长度的时间,单位为秒(s)。C_{ST}越大,污泥的脱水性能越差。

(三)污泥的安全性

随着工业的发展和废水区域治理的实施,污泥成分越来越复杂,污泥最终处置前进行的安全性试验和评价显得十分重要。污泥中含大量的细菌及寄生虫卵,为了防止应用过程中传染疾病,必须对污泥进行寄生虫的检查。作为农肥的污泥要根据《农用污泥中污染物控制标准》(GB 4284—84)分析其中的重金属和有毒、有害成分。即使进行填埋的污泥也必须按照有关法规和标准进行各种安全性评价。

第二节 污泥的处理

污泥中固体物质主要为胶质,它有复杂的结构,与水的亲和力很强,含水率很高,一般为96%~99%,这些水分包括表面吸附水、间隙水、毛细管水及内部结合水。污泥中水的存在方式不同,去除方式也不同,其中表面吸附水可通过胶体电中和,使颗粒混凝而去除;间隙水通过污泥浓缩而去除;毛细管结合水只能通过真空过滤、压力过滤和离心去除;内部结合水量虽少,但只有通过改变细胞形式才能去除。

影响污泥浓缩和脱水性能的因素主要是颗粒大小和表面电荷的多少。其中污泥颗粒对污泥脱水性能的影响最为显著,因为污泥颗粒越小,比表面积越大、水合程度越高、过滤阻力越大,改变其脱水性能则需要更多的化学药剂。

污泥中颗粒的表面电荷,一般都带相同的负电荷,首先由于电荷静电斥力,阻止颗粒的相互碰撞;其次带电颗粒吸附周围水分子形成水化层,阻碍了颗粒直接碰撞,使污泥颗粒形成了较为稳定的分散状态。

污泥的处理、处置与其他废物处理、处置一样,都应遵循减量化、稳定化、无害化的原则。因为污泥的含水率高,体积大,不利于储存、运输和消化,减量化处理十分重要;污泥中有机物含量达 60%~70%,会发生厌氧降解,极易腐败并产生恶臭。因此,应采用好氧或厌氧工艺或添加化学药剂的方法,使污泥稳定;污泥中,尤其是初次沉淀污泥,含有大量病原菌、寄生虫及病毒,易造成传染病大面积传播,因此污泥处理必须充分考虑无害化原则。污泥处理方法有以下几种。

一、污泥的调理

污泥调理就是要克服水合作用和电性排斥作用。增大污泥颗粒的尺寸,使污泥易于过滤或浓缩,其途径有二:第一是脱稳、凝聚,脱稳依靠在污泥中加入合成有机聚合物、无机盐等混凝剂,使颗粒的表面性质改变并凝聚起来,由于要投加化学药剂,从而增加了运行费用;第二是改善污泥颗粒间的结构,减少过滤阻力,使其不堵塞过滤介质(滤布)。无机沉淀物或一定的填充料可以起这方面的作用。

污泥经调理能增大颗粒的尺寸,中和电性,能使之释放吸附水,从而改善污泥浓缩和脱水性能。此外,经调理后的污泥,在浓缩时污泥颗粒流失减少,并可以使固体负荷率提高。污泥的调理有物理调理法、化学调理法和微生物调理法(好氧、厌氧消化)。

(一)物理调理法

1.污泥淘洗法

污泥淘洗法主要用于消化污泥的预处理,该法利用固体颗粒大小、相对密度和沉降速率不同,将细小颗粒和部分有机微料去除,从而降低了污泥的碱度,节省药剂用量,降低机械脱水运行费用。但淘洗时需增加淘洗设备及搅拌设备,同时淘洗液的 BOD_5 和 COD_{cr} 值都很高,必须回流到污水处理装置进行处理。且洗出来的细小颗粒在废水处理装置中不易被完全截留,随着高效混凝剂的不断开发,淘洗法已逐渐被淘汰。

2.热调理法

热调理使污泥在一定压力(1~1.5 MPa)下短时间加热(135~200 ℃),随着温度的提高,污泥中细胞被分解破坏,细胞内部水分游离出来,同时污泥中的颗粒由于热运动加快及碰撞和结合频率的提高,凝胶体结构受到破坏,内部大量的结合水被释放出来,污泥固体和水的亲和力也随之下降。污泥中致病性微生物和寄生虫被杀死,臭味也基本去除,经处理后的污泥在真空或压力过滤机状态下易过滤。该法几乎适合所有的有机废水污泥,包括难以处置的剩余活性污泥,最适宜生物污泥。该法需增加高温高压设备、热交换设备及气味控制设备,故能耗大、操作要求高、费用也很高,且调理后的污泥在过滤后所得滤液有机物浓度较高。

热调理法与湿式氧化并不相同,在湿式氧化中要使污泥中有机物高温下在有空气条件下充分氧化;热调理法则不让污泥中的有机物氧化。

热调理法的效果在很大程度上取决于污泥的性质、温度和处理时间。

3.冷冻融解法

冷冻融解法是将含大量水分的污泥冷冻到凝固点以下,污泥开始冷冻,然后加热融解,以提高污泥沉淀性和脱水性的一种处理方法。污泥经过冷冻—融解过程,由于温度发生了大幅度变化,使污泥絮状结构充分被破坏,颗粒由小变大,毛细管水分大量失去。同时细胞破裂,使其内部水分变成自由水分,从而提高了污泥的沉降性能和脱水性能。且该法能不可逆改变污泥结构,与热调理法相比,具有节能、杀菌、污泥管理费用低及较明显的经济价值,较适合我国冰冻期较长的北方地区。

(二)化学调理法

由于污泥颗粒较细,且常带相同电荷,形成一种稳定的胶体悬浮液,使污泥浓缩和脱水困难。化学调理法就是向污泥中投加各种混凝剂,通过电中和或吸附架桥作用,使污泥颗粒凝聚力增大,颗粒直径增大。所用的调理剂有以铝盐、铁盐、石灰为主的无机盐类,如三氯化铁、三氯化铝、硫酸铝、聚合氯化铝、石灰等。该类调理剂来源广、价廉,但残渣量大,易受 pH 的影响。沉淀形成的污泥中含无机成分高,燃烧热值低;有机高分子分阴离子型、阳离子型、非离子型三类,该类调理剂 pH 的适应范围广,非离子型和阴离子型适用于 2~11,而阳离子型的适用于 3~7,沉淀形成的污泥中含有机成分比例高,燃烧热值高。若能以 2~3 种混凝剂,通过混合投配或依次投配,能明显提高混聚效果。如石灰和三氯化铁同时使用,不但能调节 pH,而且由于石灰和污水中的重碳酸盐生成的碳酸钙能形成颗粒结构而增加了污泥的孔隙率。

调理效果的影响因素有很多,主要有污泥性质、调理剂种类、用量、投加次序、操作条件等。调理剂种类和用量因污泥品种和性质、消化程度、固体浓度不同而异,没有一定的标准。为了达到良好的效果,最好通过试验来确定。

(三)微生物调理法

微生物法调理污泥是利用特殊微生物代谢产物的高效絮凝作用或者微生物的还原作用来处理污泥,改善污泥脱水性能,其方法主要有投加微生物絮凝剂、生物沥浸等。微生物絮凝剂是一类由微生物代谢产生的具有絮凝作用的新型高分子絮凝剂,主要由多糖、蛋白质、脂类、纤维素和核酸等组成,其对污泥的脱水效果明显优于硫酸铝等化学絮凝剂。生物沥浸是利用嗜酸性硫杆菌为主体形成复合菌群来氧化污泥中还原性硫和铁,用以去除污泥固相中的重金属。生物沥浸处理污泥不但有利于污泥中重金属的去除,还能有效改善污泥的脱水性能。

二、污泥的浓缩

沉淀池中的沉淀污泥含水率高,通过浓缩可降低含水率和体积,有利于减轻后处理过程(如消化、脱水、干化和焚烧等)的负担。污泥所含水分大致可分为以下四类:颗粒间隙水,存在于颗粒间隙中的,但不与污泥颗粒直接结合的水分,约占总水分的70%;毛细水,存在于高度密集细小污泥颗粒周围的水分,约占20%;污泥颗粒表面吸附水,具有较强附着力吸附在污泥表面的水分,约占7%;颗粒内部水,存在于颗粒内部或微生物细胞内的水,约占3%。

降低含水率的方法有以下几方面:浓缩法主要去除污泥中的间隙水分,能显著降低污泥的体积;自然干化法和机械脱水法,主要脱除毛细水;干燥法与焚烧法,主要脱除吸附水与内部水。

污泥种类不同,浓缩后含水率也不同;一般活性污泥可降至97%~98%,初次沉淀污泥可降至85%~90%。污泥浓缩通常有重力浓缩、气浮浓缩和离心浓缩法三种,每种方法各有优、缺点,需要时根据具体要求选择。

1.重力浓缩法

重力浓缩法是应用最广、操作最简单的一种浓缩方法,该法与一般沉淀池相似,在重力作用下颗粒通过自由沉降、成层沉降、集合沉降、压缩沉降等形式,使污泥与水分离。根据运行方式不同,重力浓缩法可分为连续式和间歇式两种。重力浓缩池相应地也分为连续式和间歇式两种。前者主要用于大、中型污水处理厂,后者主要用于小型处理厂或工矿企业的污水处理。

连续式重力浓缩池的基本构造如图5.1所示,其工作原理是:污泥由中心进泥管 1 连续进泥,在竖向搅拌栅 5 的缓慢搅拌下,加快了污泥颗粒间的凝聚,破坏了原有的网状结构,提高了浓缩效果,浓缩的污泥通过刮泥机 4 集中到池子中心,污泥通过排泥管 3 排出,澄清水由上清液溢流堰 2 溢出。

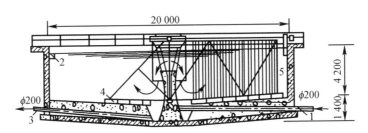

1—中心进泥管;2—上清液溢流堰;3—排泥管;4—刮泥机;5—竖向搅拌栅。

图 5.1　连续式重力浓缩池

间歇式重力浓缩池设计原理同连续式,运行时,应首先排出浓缩池中的上层清液,然后再投入待浓缩处理的污泥,间歇式重力浓缩池浓缩时间一般为 8~12 h。

(1)浓缩池必须同时满足的条件。

①上清液澄清。

②排出的污泥固体浓度达到设计要求。

③固体回收率高。

如果浓缩池的负荷过大,处理量虽然增加,但浓缩污泥的固体浓度低,上清液浑浊,固体回收率低,浓缩效果就差;相反,负荷过小,污泥在池中停留时间过长,可能造成污泥厌氧发酵,产生 N_2 与 CO_2,使污泥上浮,同样使浓缩效果降低,往往需要加 Cl 以抑制气体的继续产生。

(2)影响浓缩池浓缩的因素。

①给泥量、温度等的控制。给泥量随污泥种类和浓缩池的不同而不同。给泥量太大,超过其浓缩能力,将导致上层清液固体浓度太高,排泥浓度太低,起不到应有的浓缩效果;给泥量太低时,浓缩池利用效率低下,且导致污泥上浮,使浓缩无法进行。

给泥量与污泥种类、浓缩池结构和温度有关。初沉污泥的浓缩性能较好,其固体表面负荷 qs 较高,一般在 $90~150\ kg/(m^2 \cdot d)$;活性污泥的浓缩性能差,qs 一般在 $10~30\ kg/(m^2 \cdot d)$;当初沉污泥与活性污泥混合后进行重力浓缩,其 qs 取决于两种污泥的比例,国内常控制在 $60~70\ kg/(m^2 \cdot d)$。

温度同样影响着浓缩效果,随温度升高,污泥水解酸化加快将导致污泥上浮,使浓缩效果降低;但随着温度上升污泥的黏度下降,有利于污泥间隙水的去除,使固体颗粒的沉降加快,从而提高浓缩效果。在防止污泥水解酸化的前提下,浓缩效果随温度升高而提高。

污泥的浓缩与水力条件有关,温度较低时,停留时间长一些为宜;温度高时,停留时间短一些为宜,以防止污泥上浮。

②浓缩效果的测定。为了使浓缩池正常运行,应经常对浓缩效果进行测定,其主要指标有浓缩污泥的浓度、固体回收率和分离率三个指标。浓缩污泥的浓度,因废水处理方法不同、流入污泥浓度及季节变化而变动,一般在2%~5%;固体回收率,即浓缩固体量与流入固体之比,正常运行浓缩池在90%~95%,浓缩初沉污泥时应大于90%,浓缩初沉污泥和活性污泥混合污泥时应大于85%;分离率即浓缩池上清液溢流量占流入污泥量的百分比。

③搅拌速度和排泥控制。搅拌机的转数要兼顾集泥效果和搅拌效果,其最佳转数目前无法计算,只能由操作人员在运行实践中摸索得到。

连续运行的浓缩池应连续进泥、排泥,保持污泥层的稳定,提高浓缩效果。对来自非连续排泥沉淀池的污泥,可通过提高进泥、排泥次数,使运行趋于连续。此外,浓缩池排泥要及时、均匀,以免影响浓缩效果。

2. 气浮浓缩法

密度大于 1 g/cm^3 的悬浮固体可以利用固体与水的密度差进行重力浓缩。在其他条件相同的前提下,一般固体与水的密度差越大,重力浓缩效果越好。初次沉淀污泥平均相对密度为1.02~1.03,污泥颗粒本身的相对密度为1.3~1.5,因而容易实现重力浓缩。对于相对密度接近于1的剩余污泥或相对密度小于1的膨胀污泥,则沉淀效果不佳,在此情况下,最好采用气浮浓缩法。

气浮浓缩法是利用高度分散的微小气泡作为载体去黏附废水中的污染物,使其密度小于水而上浮到水面,从而实现固液或液液分离的过程。该装置主要由三部分组成,即压力溶气系统、溶气释放系统和气浮分离系统。压缩空气通过加压泵进入溶气罐,经过减压阀减压后从底部流入进水室。减压后的溶气水释放出大量稳定的微小气泡,并迅速吸附在污泥颗粒表面,从而使污泥颗粒由于密度下降而上浮。影响气体与固体颗粒黏着力的因素有以下几种。

(1)固体颗粒的形态、粒径及表面性质。

(2)气泡直径的大小。气泡的直径越小,附着在固体颗粒表面的气泡就越多。气浮就越易进行。进入气浮池后的污泥颗粒大部分由于上浮而在池表面形成浓缩污泥层,通过刮泥机刮出而去除。不能上浮的污泥颗粒则沉到池底,由池底排出。

气浮浓缩池的主要设计参数有气固比、水力负荷和回流比等。气固比是指气浮池中空气总质量与流入污泥中固体物质量之比,一般采用 $0.01 \sim 0.04$;水力负荷 q 的取值在 $1.0 \sim 3.6 \, m^3/(m^2 \cdot h)$,一般用 $1.8 \, m^3/(m^2 \cdot h)$;回流比指溶气水量与处理泥量之比(R),一般为 $20\% \sim 35\%$。

3. 离心浓缩法

离心浓缩法就是利用污泥中的固体、液体密度及惯性不同,在高速旋转的离心机中,由于受到离心力不同而得到分离。该法同样适合于轻质污泥。离心浓缩法由于污泥在机内停留时间短、出泥含固率高、占地面积小、工作场所卫生条件好,现在应用越来越广泛。但也存在耗电量大的缺点。

卧式螺旋浓缩机主要由转筒、螺旋输送器及空心轴组成。螺旋输送器与转筒由驱动装置分别传动,沿一个方向转动,但两者间有一个小速度差。需要浓缩的污泥通过污泥供给管,连续进入筒内,在转筒带动下高速旋转,并在离心力作用下,污泥在转筒内壁不断沉淀堆积,在螺旋输送器作用下,泥饼从左端被排出,而分离液在另一端被排出。

三、污泥的稳定

含有大量有机物和病原菌的污泥,若直接排放,污泥中有机物会在微生物的作用下腐化、发臭而对环境造成污染,病原体将直接或间接危害人类。此外,黏性较大不易脱水的腐化污泥也很难被植物吸收,因此,污泥在脱水前通常采取人工处理的方式来降低有机物含量或杀死病原微生物,以达到稳定的目的。稳定的方法有生物法、化学法和热处理法。

1. 污泥的生物稳定

污泥中的有机物通过不断分解,从而成为稳定的无机物或不易与微生物作用的有机物,如果污泥中挥发性固体的量降低至 40% 左右,污泥就基本达到了稳定。处理方式有厌氧消化和好氧消化两种。

厌氧消化时,随着有机物的不断分解从而产生了可燃性甲烷气体,污泥固体总量也随之减少,同时,消化过程能杀死污泥中的病菌微生物。但厌氧消化也存在着设备投资大,运行易受环境条件影响,消化污泥夹带气泡不易沉淀,消化反应时间长等缺点。厌氧消化常用于有机污泥的稳定处理。

污泥的好氧消化稳定与活性污泥法相似,随微生物内源呼吸进入污泥内部的有机成分不断分解而达到稳定。与厌氧消化比较,该法运行较稳定、反应速率快,但动力消耗大、杀死病菌微生物效果差。好氧消化主要用于小型污水处理厂的污泥处理。

2. 污泥的化学稳定和热稳定

污泥的化学稳定是向污泥中投加如石灰和氯等化学药剂,抑制和杀死微生物的方法。石灰稳定法通过石灰来抑制污泥臭气和杀灭病原菌,该法虽简单,但不能直接降解有机物,所以处理后固体物总量不但没有减少,反而增加。氯化稳定法是在密闭容器中向污泥中投加大剂量氯气,接触时间不长,实质上主要是消毒,杀灭微生物以稳定污泥。但氯化法污泥的过滤性能差,给后续处理带来一定的困难。

污泥热稳定有热处理和湿式氧化法两种。热处理既是稳定过程,也是调理过程,即在较高温度(160~200 ℃)和较大压力(1~2 MPa)下处理污泥,促使污泥进行过热反应,从而杀灭微生物,消除臭气以稳定污泥,且污泥易于脱水,热处理最适于生物污泥。湿式氧化法与热处理不同,即在高温高压条件下,加入空气作为氧化剂,对污泥中的有机物和还原性无机物进行氧化,并由此改变污泥的结构、成分和提高污泥的脱水性能。此外,还有一些热处理方法,如堆肥化热处理、热干化等。

四、污泥的脱水

污泥脱水的目的是进一步去除经浓缩后污泥内部的水分,脱水工艺包括机械脱水和自然脱水干化法两种。而机械脱水主要有真空过滤法、压滤法、离心法三种,它们的原理基本相同,以过滤介质两面的压力差作为推动力,使污泥水分强制通过过滤介质形成滤液,固体颗粒被截留在介质上,达到脱水的目的,属于过滤脱水。真空过滤法压差是在过滤介质的一面通过负压而产生;压滤法的压差是在过滤介质一面加压而产生;离心法的压差是以离心力作为推动力。

增加压力能明显提高过滤机对于不可压缩污泥的生产能力;但对活性污泥等易压缩污泥,增大压力对提高生产能力效果不大。

（一）机械脱水

1. 真空过滤法

真空过滤是目前使用较广泛的机械脱水方法。一般用于初沉池污泥和消化污泥的脱水。该过滤机具有连续运行、操作平稳、处理量大、易实现操作自动化的优点；缺点是脱水前必须预处理、附属设备多、动力消耗大、工序复杂、运行费用高、再生与清洗不充分、易堵塞、不适合处理比阻抗大及易挥发物质较多的污泥。

真空过滤机有转筒式、绕绳式、转盘式三种类型。其中应用最广的是转鼓真空过滤机。

这种过滤机有自动切换阀门、滤饼洗涤装置、滤饼剥离装置和污泥搅拌装置。污泥搅拌装置可防止液体中的固体沉淀而造成的浓度不均。转鼓用隔板将其分成许多扇形小室，每个小室都有与中心轴承一端的自动阀门相连接的导管，当转鼓某一部分浸入液面下时，相对应小室的自动阀门打开，由于真空作用，污泥被吸附在过滤介质上。当转鼓露出液面，则开始进行脱水操作，紧接着又在自动阀门的作用下切断真空，通入压缩空气，使滤饼从滤布上吹起，易于剥离。然后由刮板把滤饼从滤布上刮下来。

对于黏度较大的污泥转鼓真空过滤机，易造成过滤介质再生，清洗不充分，易堵塞，故可采用履带式真空过滤机，滤布从旋转的转鼓被卷到直径很小的滚筒上。由于曲率的急剧变化，滤饼从滤布上被剥离下来。滤布在两边高压水清洗作用下保持干净，且每旋转一周清洗一次，从而防止了滤布的堵塞。

2. 压滤法

压滤法是为了增加过滤的推动力，利用多种液压泵形成 4~8 MPa 的压力，加到污泥上进行过滤的方式。它们具有过滤效率高、适应性广、脱水滤饼含固率高、滤液中含固率低、过滤前可不调理、滤饼剥离简单等特点。但也存在动力消耗大、更换滤布较费力的缺点。常用的压滤机械有板框压滤机和带式压滤机两种。

（1）板框压滤机。板框压滤机适用于各种性质的污泥，且推动大、结构简单、形成的滤饼含水率低。但它只能间断运行，操作管理麻烦，滤布易坏。板框压滤机可分为人工板框压滤机和自动板框压滤机两种。人工板框压滤机劳动强度大、生产周期长、效率低；而自动板框压滤机由于滤饼的剥落、滤布的洗涤、板框的拉开与压紧完全自动化，所以劳动强度低、操作简单。将带有滤液通路的滤板与滤框平行交替排列,滤布夹在滤板与滤框中间。用可动端板将滤框压紧,使滤板间构成一个压滤室。污泥从给料口压入滤框,水通过滤板从滤液排出口流出,泥饼堆积在框内滤布上,滤板和滤框松开后泥饼很容易剥落下来。

(2)带式压滤机。带式压滤机中,较常见的是滚压带式压滤机。其特点是可以连续生产、机械设备较简单、动力消耗少、无须设置高压泵或空压机。

滚压带式压滤机由滚压轴及滤布带组成,压力施加在滤布带上,污泥在两条压滤带间挤轧,受到滤布的压力或张力得到脱水。

污泥在经过浓缩段内部时,50%～70%的水分由于自身重力穿过滤带而去除,使污泥含固量增加而失去流动性,以免在压轧时被挤出滤布带,之后进入压轧段,依靠滚压轴的压力与滤布的张力除去污泥中的水分。压轧的方式有相对压轧式和水平滚压式两种。相对压轧式滚压轴上下相对,压轧的时间几乎是瞬时的,但压力大;水平滚压式滚压轴上下错开,依靠滚压轴施于滤布的张力压轧污泥,因压轧的压力较小,故所需压轧时间较长,但在滚压过程中对污泥有一种剪切力的作用,可促进污泥的脱水。

3.离心浓缩法

离心浓缩法就是利用离心力作为推动力进行的沉降分离、过滤及脱水,由于离心力大且可控,因此,脱水的效果比重力浓缩好。它的优点是设备占地面积小、效率高、可连续生产、自动控制、卫生条件好;缺点是对污泥预处理要求高,必须使用高分子聚合电解质作为调理剂,设备易磨损。

(二) 自然脱水干化法

自然脱水干化法适合那些日照时间长、降雨少、空气干燥的部分北方地区,沉淀污泥或浓缩污泥内部水分主要依靠渗透、撇水和蒸发脱水。渗透的水分及用撇水法去除的污泥上层形成的清水层都应进行处理。该法具有无污染、能量大、成本低等特点,但占地面积大,且易受到雨水干扰。

五、污泥的最终处理与综合利用

(一) 污泥的焚烧

污泥焚烧的目的是杀死一切病原体,并产生无毒、无菌的无机残渣,使污泥体积大大减小。对有毒物质含量高的污泥,城市卫生要求高、不能进行资源化利用的污泥及因城市垃圾运输费用过高的污泥可采用焚烧处理。污泥在焚烧前,应先进行脱水处理以减少负荷和能耗。1992 年,欧洲共同体污泥焚烧的比例为 11%,日本则达污泥量的 60% 以上。焚烧灰能有效地用于沥青填料和轻质基材等建筑材料,而燃烧产生的热可用来发电。污泥的焚烧作为一种常用的污泥最终处置方法正日益受到人们的重视和应用。我国已建成运行,如多座垃圾焚烧发电厂重庆同兴、浙江宁波、广州李坑、深圳宝安老虎坑等,同时一大批垃圾焚烧发电厂正在设计、规划建设中。

污泥焚烧在焚烧炉内进行,在辅助燃料燃烧作用下,使炉内温度升至燃点以上,使污泥自燃,焚烧所需热量,主要靠污泥中有机物燃烧产生的热量足以维持正常燃烧,不需补充燃料。当污泥的燃烧热值不足以使污泥自燃时,则需补充辅助燃料,燃烧所产生的废气(CO_2、SO_2 等)和炉灰,再分别进行处理。影响污泥焚烧的因素有焚烧温度、空气量、焚烧时间、污泥组分等。为了保证有机物的充分燃烧,焚烧温度应不低于 800 ℃,有机物燃烧时会产生刺激性的恶臭气味,为了消除这种气味,可将燃烧温度提高到 1 000 ℃ 或加设二次加热设备。

焚烧可分为完全焚烧和湿式燃烧两种。完全焚烧是污泥所含水分完全蒸发、有机物完全被焚烧,最终产物是 CO_2、H_2O、N_2 等气体及焚烧灰。完全焚烧设备有回转焚烧炉、立式多段焚烧炉、液化床焚烧炉等。

湿式燃烧也称为不完全燃烧或湿式氧化,是指浓缩后的污泥(其含水率约为 96%),在液态下加温加压,并压入压缩空气,使有机物在物理化学作用下被氧化去除,污泥的结构与成分也随之改变,脱水性大大提高。湿式氧化只能氧化 80%~90% 的有机物,故又称为不完全燃烧。常压下水的沸点为 100 ℃,为了使有机物氧化,必须在高温高压下进行,随温度提高,氧化速率随之加快,温度一般控制在 200~370 ℃,同时为了防止高温及氧化热使水分全部蒸发,压力也需随之增加,所需的氧化剂为空气中的氧或纯氧、富氧等。湿式氧化具有适应性强,可氧化难降解的有机物;达到完全杀菌;反应在密闭容器中进行,不产生臭气;反应时间短,有机物氧化彻底;残渣量小的特点。

（二）在农业上的应用

污水处理中产生的污泥是一种天然的有机肥,含有丰富的有机物,植物所需的氮、磷、钾等营养物质一般也高于农家肥,污泥中所含的钙、镁、锌、铜、硼、锰、铁等微量元素对农业增产有重要作用,污泥的肥效主要取决于污泥的组成和性质。污泥用于农田,能改善土壤结构、增加肥力,促进农作物生长,有利于农业的可持续发展,目前已被大多数国家使用。但污泥中也存在大量病菌、寄生虫、病原体及重金属离子等有毒、有害物质,通过各种途径如污染土壤、空气、水源,或通过呼吸和食物链危及人畜健康。因此,把污泥用作农田肥料前,应首先通过厌氧法、空气干燥分解法、石灰消毒法、加热干燥法、巴氏灭菌法或堆肥法等对污泥进行稳定处理,使病菌、寄生虫和病原体等死亡或减少,稳定有机物和减少臭气。此外,其中重金属离子的含量,也必须符合我国农业部制定的《农用污泥中污染物控制标准》(GB 4284—84)的要求。

此外,污泥也能广泛用于造林或成林施肥,由于林地远离人口密集区,且更缺乏养料,使病原菌存活时间大大缩短,污泥中过量氮、磷得到充分利用;污泥还能广泛用于城市园林建设,随着我国城市化进程的加快,城市园艺建设也快速发展,城市的大量花卉、草地、树木需要大量的营养,而城市污泥正好满足了以上需求,同时污泥的使用既减少了运输费用,又节约了化肥,使城市的花、草长得更健壮,土壤结构与成分也明显提高。

(三)建筑材料利用

污泥可用于制砖与制纤维板材。此外,还可用于铺路。污泥制砖可采用干化污泥直接制砖,也可采用污泥焚烧灰制砖。制成的污泥砖强度与红砖基本相同。对制砖黏土的化学成分有一定要求,当用干化污泥直接制砖时,由于干化污泥的组成与制砖黏土有一定差异,应对污泥的成分做适当调整,使其成分与制砖黏土的化学成分相当。而焚烧灰的化学成分与制砖黏土的化学成分是比较接近的,因此,利用污泥焚烧灰制砖,只需按焚烧灰:黏土:硅砂 = 1:1:(0.3~0.4)的质量比配制即可。

污泥制纤维板材,主要是利用活性污泥中所含粗蛋白(30%~40%)与球蛋白(酶)等大量有机成分,在碱性条件下,加热、干燥、加压后,产生蛋白质的变性,会发生一系列的物理、化学性质的改变,从而制成活性污泥树脂(又称蛋白胶),再与经过漂白、脱脂处理的废纤维(可利用棉、毛纺厂的下脚料)一起压制成板材,即生化纤维板。

此外,污泥也可用于制造水泥,日本已研制成功利用城市垃圾焚烧物和城市污水处理产生的脱水污泥为原料的水泥制造技术,据资料介绍,污泥焚烧灰与硅酸盐水泥相比,除了碳酸钙含量较低、三氧化硫含量较高外,其余成分相当。还可利用污泥制作具有密度小、强度高、保温效果好、耐细菌腐蚀的多孔性陶料,用于制造建筑保温砼、陶料空心砖及筑路、堤坝等建筑领域,也可用于制作污泥砖、地砖等。

(四)污泥气的利用

污泥发酵产生的污泥气既可作为燃料,又可作为化工原料,因此是污泥综合利用中十分重要的方面。它的成分随污泥的性质而异,一般含甲烷(CH_4)量为 50%~60%。

消化池所产生的污泥气能完全燃烧,保存、运输方便,无二次污染,因此是一种理想的燃料。污泥气发热量一般为 20.9~25.1 MJ/m^3,当它用作锅炉燃料时,约 1 m^3 气体就相当于 1 kg 煤。也可利用污泥气发电,1 m^3 污泥气约可发电 1.25 kW·h。

污泥气在化学工业中也有着广阔的应用前景。污泥气的主要成分是甲烷和二氧化碳。将污泥气净化,除去二氧化碳,即可得到甲烷,以甲烷为原料可制成多种化学品。

(五)填埋

污泥可单独填埋或与其他废弃固体物(如城市垃圾)一起填埋。填埋场地应符合一定的设计规范,应注意以下几点。

(1)填埋场地的渗沥水属高浓度有机污水,污染非常强,必须加以收集进行处理,以防止对地下水和地表水的污染。

(2)应注意填埋场地的卫生,防止鼠类和蚊蝇等的滋生,并防止臭味向外扩散。

(3)焚烧灰的挥发分在 15% 以下时,可进行不分层填埋,其他情况均需进行分层填埋。生污泥进行填埋时,污泥层的厚度应 ≤0.5 m,其上面铺砂土层厚 0.5 m,交替进行填埋,并设置通气装置;消化污泥进行填埋时,污泥层厚度应 ≤3 m,其上面铺砂土层厚 0.5 m,交替进行填埋。

(4)如在海边进行填埋时,需严格遵守有关法规的要求。

(六)投海

沿海地区,可考虑把污泥、消化污泥、脱水泥饼或焚烧灰投海。投海污泥最好是经过消化处理的污泥,而且投海地点必须远离海岸。投海的方法可用管道输送或船运,前者比较经济。污泥投海,在国外有成功的经验也有造成严重污染的教训,因此必须非常谨慎。

按英国的经验,污泥(包括生污泥、消化污泥)投海区应离海岸 10 km 以外,深 25 m,潮流水量为污泥量的 500~1 000 倍。由于海水的自净与稀释作用,这样可使海区不受污染。但美国已于 1991 年禁止向海洋倾倒污泥,欧洲共同体也规定从 1998 年 12 月 31 日起不得向水体倾倒污泥。

第六章　印染废水处理技术及新工艺

随着科学技术的不断发展,新材料、新技术在印染废水处理领域的应用也在不断发展。同时,新环保法也对印染废水处理提出了更高的要求,因此,高效、环保的印染废水处理技术将是今后发展的主要方向。

第一节　基于物理法的新工艺

废水处理中的物理处理方法,主要包括吸附法、膜分离法、电子束脱色法、萃取法、磁分离法等。

一、吸附法

物理处理方法中应用最广的是吸附法,适用于低浓度印染废水的深度处理,费用低、脱色效果较好,适合中小型印染厂废水的处理。

在废水处理中常用的固体吸附剂有活性炭、离子交换树脂等,其中,应用最为广泛的是活性炭。活性炭再生较难、成本较高,可与其他化学剂及与其他方法耦合后处理染料废水。目前,活性炭作为吸附剂的改良研究主要集中于如何扩大活性炭的孔径,使其既能吸附更多的污染物,又能吸附高分子量的化合物。实现吸附剂与废水的分离以及吸附剂的重复利用,也是目前需要解决的问题。

树脂吸附技术在净化化工废水的同时,还能回收部分化学产品,因而备受重视。而应用于印染废水的研究主要集中在结构改良的离子交换树脂、吸附树脂和复合功能树脂等方面。弱碱型的离子交换树脂吸附染料分子虽然在吸附容量方面稍弱于强碱型的离子交换树脂,但由于其具有良好的洗脱性,能反复利用,因此,目前利用树脂技术净化染料废水主要集中于弱碱型离子交换树脂方面。

其他吸附剂主要集中在天然矿物(黏土、矿石)、天然的植物原料和农业精制炭、煤炭、炉渣、煤渣、粉煤灰等方面。

诸多研究表明吸附法见效快、对废水脱色效果好,其原因可能是:吸附剂比表面积大、孔隙结构发达;吸附剂其表面含有大量的自由基团,如羟基和酚基等。但是在处理成分复杂的印染废水,特别是含多种类染料和有机物的废水,仅依赖吸附处理技术无法达到预想的处理效果。而以活性炭为代表的吸附剂其除了具有较强的吸附性能外,还可以作为氧化剂的催化剂或催化剂载体。其作为催化剂的原因可能是其表面有含氧官能团及较大的比表面积等特点,可以促进过氧化物、过硫酸盐等氧化剂分解,释放羟基自由基($\cdot OH$)、硫酸根自由基($\cdot SO_4^{2-}$)及其他有机自由基,进而加速氧化剂对有机物的降解效率。其作为催化剂载体的原因可能是其孔径、孔容越大,负载的金属量越多,使得金属与其协同催化,增强了其催化能力。因此,研发新型高效且易再生的吸附剂和与其他技术联用是当前吸附法的研究发展方向。

二、膜分离法

膜分离法是处理印染废水最常用的方法之一,是指在废水处理中,不同粒径的分子通过半透膜,从而达到选择性分离。膜分离技术是纯物理过程,膜不发生相的变化,不需添加催化剂,运行费用低。但膜的一次性造价高,污染严重,需根据废水的类型选择不同的预处理方法,在预处理时适当去除悬浮性固体以增加膜的使用寿命,但会增加成本。

利用膜分离技术处理印染废水,是基于其选择性分离特性吸附水体中的染料分子和盐类,去除废水中染料分子,同时还可以回收染料分子和盐,增强废水生物处理性。

1.超滤和纳滤

印料废水中的有机物结构变化大、含盐量高,造成了膜污染,降低了膜通量,限制其在实际中的应用,因而纳滤-超滤联用的方式被广泛应用到印染废水处理过程中。纳滤-超滤双膜结合的方法运用到深度处理二级生物法的印染废水中,90%浊度和部分 COD_{cr} 被超滤膜前期高效去除;而纳滤作为超滤良好的补充可高效吸附盐类和染料类物质,实现染料分子与水分子的有效分离。纳滤-超滤联用的方式增加了膜通量,印染废水的净化效果得到增强。

2.反渗透技术

反渗透技术是基于反渗透膜可以截留电解质和非电解质(相对分子质量大于300)。绝大多数染料的相对分子质量超过300,反渗透膜能够有效地吸附染料分子。运用反渗透技术处理染料废水,对 COD_{cr}、电导率和色度处理效果良好。

三、电子束脱色法

电子束脱色是一门新兴的染料废水处理技术,利用电子束和放射源钴(Co-60)进行辐射处理。电子束脱色法无须任何药品,避免了次生污染,并且能够起到消毒的作用,是其他方法不能媲美的。应用电子束脱色法处理分子结构稳定的偶氮、蒽醌类染料废水,有机物的去除和废水的脱色程度显著。

四、萃取法

萃取法主要利用有机物在水中和在有机溶剂中溶解度的差异,再利用萃取剂与污染物分离,可循环利用萃取剂,所得污染物也可经进一步处理后变废为宝。液膜技术是近年来发展较快的萃取方法之一,可萃取印染废水中的染料。

(一)络合萃取法

络合萃取法的基本原理是:带磺酸基、羟基等官能团的化合物与胺类化合物特别是叔胺类化合物发生络合反应,在较高 pH 时,络合反应向逆反应方向进行引起分解。络合萃取法被广泛应用到净化含萘系化合物(包含磺酸基或羟基）的废水中,通常采用的萃取剂为叔胺类化合物。络合萃取法能高效萃取有机物,对于处理剧毒、化学结构稳定和含量高的有机物废水有良好的处理效果。

（二）液膜萃取法

液膜分离技术由美国 Exxon 公司发明,该技术作为高效的分离含氰、含氨、含酚体系的技术,已被广泛应用到石油、化工、废水处理等方面。

液膜萃取法的工艺流程是:利用乳液制备出一定的粒径均匀分布于废水中的惰性油膜,在低 pH 情况下,污染物分子被转移到油包水型乳状液的乳粒上并存在于油相中,污染物分子在添加剂帮助下快速迁移至油膜内侧,通过化学反应生成不溶于油的组分,进而由油相转移到水相,达到分离有机物的目的。破乳萃取后既可以得到浓缩液,又可回收油相（含水率<5%）,实现循环利用。

液膜法在净化含量高、化学结构稳定的染料及其产物的废水过程中,在回收可利用的有机酸、盐的同时,还使水质得到有效的改善,为废水的进一步生物降解奠定基础。

五、磁分离法

磁分离技术是一种新型的水处理技术,主要是将水体中微量粒子磁化后再分离。

磁性微粒粗粒化、低磁性颗粒强磁化、非磁性颗粒磁性化是现代磁化技术发展的主要方向。磁分离法在处理给水和工业废水过程中既能直接分离低磁性、顺磁性物质,又能分离不具磁性的物质。磁性团聚法-铁粉法-铁盐共沉淀法联用于物化处理染料废水的流程中。高梯度磁分离技术在国外实现了染料废水处理工业化。

第二节　基于化学法的新工艺

化学法是处理染料废水的主要方法,主要依据化学反应的原理来分离回收废水中的污染物,或改变废水性质,对废水进行无害化处理的方法。主要有以下几种方法。

一、絮凝法

絮凝法是采用絮凝剂将染料分子和其他各类杂质进行吸附、絮凝、沉降,以污泥形式排出,净化印染废水的方法,常用的絮凝剂有铁盐、铝盐、镁盐、有机高分子和生物高分子。

某些具有絮凝功能的动植物提取物、微生物、矿物及其提取物和环境废物,由于其作为絮凝剂使用时具有安全无毒、易生物降解、无二次污染或以废治废和环境友好等特点,通常称为环境友好絮凝剂。目前已公开的环境友好絮凝剂有从动物中提取的壳聚糖和蛋白质,从辣木种子、葡萄籽和黄秋葵等植物中提取的木质素、淀粉、单宁酸和瓜尔果胶等,从藻类中提取的多糖,以及以微生物本身、其细胞提取物或以代谢产物为主体的微生物絮凝剂。这些动植物提取物和微生物其有效成分主要为多糖、蛋白质、纤维素和核糖等天然高分子物质,作为絮凝剂使用时易生物降解,不会产生二次污染。

此外,随着清洁生产、节能减排和资源化综合利用等理念的逐步推广,以工矿废料和环境废物为原料的絮凝剂得到逐步应用和发展。可用作为絮凝剂的工矿废料有铝土矿、稀土渣,以及硅藻土、铁矾土的提取物等,可用作为絮凝剂的环境废物有粉煤灰、赤泥,以及含氯化铁的废水和污泥等。这类矿物和环境废物型絮凝剂的有效成分主要为 Fe^{3+}、Al^{3+} 和 Mg^{2+} 等金属离子,具有无机金属盐絮凝剂的特点。

1.动物提取物型絮凝剂

动物提取物型絮凝剂是指从动物体上提取的具絮凝功能的一类天然高分子物质,根据其主要成分可分为壳聚糖类和动物性蛋白类。

壳聚糖是甲壳素经脱乙酰基后形成的一种线型天然高分子聚合物,其主要来自虾和蟹等甲壳类动物。壳聚糖本身无毒,又可生物降解,作为一种环境友好絮凝剂广泛应用于废水处理。由于壳聚糖表面质子化氨基与染料分子上磺酸基的电中和和电吸附作用,壳聚糖絮凝剂对酸性染料、活性染料和直接染料等阴离子型染料的去除率基本在95%以上。氨基的质子化过程受环境 pH 影响显著,造成壳聚糖仅在偏酸性环境中才有较好的絮凝效果,且对投加量的控制较严格。

一些从动物皮、毛和骨中提取的蛋白质(如胶原蛋白和角蛋白等)具有絮凝和吸附活性,也常被用作絮凝剂处理印染废水。如改性狗毛蛋白与壳聚糖复配使用时,对酸性湖蓝 A、活性红 K2BP、阳离子蓝 X-GRRL 和分散蓝 2BLN 这 4 种染料的脱色率分别达到了 97.4%、97.3%、100.0% 和 97.0%。尽管如此,动物性蛋白类絮凝剂提取过程复杂,投加量大,在实际印染废水处理中的应用较少。

2. 植物提取物型絮凝剂

主要是指从植物中提取的具有絮凝功能的糖类、蛋白质、纤维素、木质素和有机酸等天然高分子物质。植物提取物型絮凝剂具有可生物降解、无毒、来源广泛和环境友好的特点,使其成为合成高分子絮凝剂的有效替代品之一。

3. 微生物型絮凝剂

微生物型絮凝剂是一类由絮凝微生物和其分泌的代谢产物组成的天然高分子物质,根据其来源不同可分为细胞型、细胞提取物型和复合型。微生物型絮凝剂在印染废水处理中具有普遍的絮凝活性,既可用于处理低浓度、成分单一的染料废水,又可用于处理高浓度、成分复杂的印染废水。在 pH 的控制上,微生物型絮凝剂适宜的 pH 范围较宽泛,且多处在中性和碱性条件,与实际印染废水的 pH 接近,可减少絮凝过程 pH 的调节。在使用方式上,微生物型絮凝剂可单独使用,与无机金属盐絮凝剂复配使用时效果更佳。

4. 矿物和环境废物型絮凝剂

矿物和环境废物型絮凝剂是指可通过直接或间接的利用某些矿物、土壤和环境废料中含有的 Fe^{3+}、Al^{3+}、Mg^{2+} 和 Si^{4+} 等无机离子实现对废水絮凝处理的一类物质的统称。因此,矿物和环境废物型絮凝剂具有无机絮凝剂的特性,形态多样,来源广泛。

某些固体废物和废水,如粉煤灰、污泥和废卤水等也被用作絮凝剂处理印染废水。在印染废水处理过程中,粉煤灰除可制备絮凝剂聚硅酸氯化铝(PSAFC)以外,还兼具吸附和助凝功能,与其他絮凝剂联合使用时既降低了废水处理成本又提高了絮凝效果。

二、电化学氧化法

电化学氧化法是最近几年发展起来的新技术,它的原理是在电解条件下,为了使它在印染废水深度处理中广泛应用,通过电极直接或间接降解废水中的有机物,国内外研究者研制出一些优化电极材料并开发了新的反应器,以期提高废水处理效率和降低能耗。

Wang 等采用 PbO_2/Ti 电极与氧化还原电位(ORP)在线监测相结合,处理反渗透后的高浓印染废水时,COD_{cr}、TN 和色度去除率显著提高。与传统的恒流系统相比,恒流 ORP 系统的能耗降低了 24%~29%,并且成功实现了 ORP 的在线监测,优化了电氧化工艺。同样,Kishimoto 等也验证了在电芬顿过程中 ORP 相比电流密度更能反映最佳操作条件。Zou 等和 Chen 等也采用掺硼金刚石阳极对印染废水进行电化学氧化,发现在废水中添加 NaCl 和保持电解质的酸性介质可以提高 COD_{cr} 去除率,证明了其在处理印染废水中有实际的工业应用价值。

传统的电化学氧化法主要集中在阳极氧化,但是阴极析氢也会消耗很多能量,人们往往忽略。因此,Raghu 等研制了一种新型的双室阴离子交换膜电解槽,可以同时进行阳极间接氧化、过氧化氢间接氧化和 UV/H_2O_2 阴极间接氧化。新的电化学反应器实现了"双电极氧化",能耗比传统的电化学氧化降低了 25%~40%。通过几种氧化体系的对比,证明了 UV 处理的双电极氧化是一种降解印染废水的有效方法。

电化学氧化法虽然具有氧化效率高、反应速度快、操作方便等三大优点,但是能耗高仍是制约它在废水深度处理中广泛应用的因素。未来电化学氧化法的发展主要是研究其复杂的反应机理、发现理想的电极材料和开发新型的电化学反应器。

三、湿式氧化技术

湿式空气氧化(WAO)、催化湿式空气氧化(CWAO)及 H_2O_2 湿式氧化技术(WPO)是目前湿式氧化技术常用的三种技术。这三种技术的原理都是催化剂与氧气在高温(125~320 ℃)、高压(0.5~20 MPa)条件下作用产生羟基自由基,导致水体有机物降解净化。

湿式氧化法在净化染料废水过程中具有处理效率高、去除污染物彻底、有毒物质去除率高、出水直接回用、不产生二次污染等优点。但该技术需要的条件苛刻,运行费用昂贵。

四、超临界水氧化技术

超临界水氧化技术（SCWO）是水中有机污染物和氧化剂（空气、O_2 和过氧化氢等）在高于水的临界温度和临界压力（374 ℃，22.1 MPa）条件下，发生均相氧化反应的净化废水技术。超临界水氧化技术具有降解废水反应迅速、效率高、反应彻底、不产生二次污染等优点。

近年来，发达国家开始在难降解有机物的治理过程中应用超临界水氧化技术。但超临界水氧化技术在高温高压下进行，投资费用高，使得该项技术的应用受到一定的限制。

五、低温等离子体化学法

低温等离子体是气（汽）体部分在特定条件下电离而产生具有足够高能量的活性物质体系，体系中包括了离子、自由基、中性原子或分子等粒子，由于其温度与室温相同，故此称为低温等离子体。

低温等离子体的高能量可以使反应物分子激发、电离或断键，从而实现对废水中的有害物质的处理。

六、微波协同氧化法

极性分子通过极速旋转在微波电磁场中产生热效应，在这个过程中体系的热力学函数发生变化，造成了体系反应的活化能和分子的化学键强度降低。利用极性物质在微波中的热效应可以使得染料分子氧化分解，达到净化染料废水的目的。

颗粒活性炭（GAC）或活性炭纤维（ACF）由于具有较强吸收微波的能力而被作为极性分子应用到废水处理中。实验结果显示，GAC 和 ACF 在微波辐射作用下，有机物处理效果显著增强。在微波辐射场中通过吸附-氧化协同作用去除废水中的有机污染物。

七、Fenton 氧化法

利用由 H_2O_2 与 Fe^{2+} 混合组成的氧化体系，其在酸性条件下（pH<3.5），

H_2O_2 被 Fe^{2+} 或 Fe^{3+} 催化分解产生高活性的·OH 和 $H_2O\cdot$，同时 Fe 离子还具有絮凝作用。Fenton 氧化法的设备简单，操作方便，能有效分解有机污染物，甚至能彻底将有机污染物氧化分解为水、二氧化碳和矿物盐等无害无机物，不产生二次污染。

Fenton 试剂具有高脱色率而被用于染料废水混凝前的预处理。近年来，有关紫外光(UV)与草酸盐联合 Fenton 体系研究发现，紫外光与草酸盐的引入大大增强体系氧化能力，少量紫外光存在使有机物半衰期缩短，净化效果明显提高。

单一的 Fenton 氧化法需要消耗大量的化学试剂并产生污泥，处理完的水中 Fe^{2+} 含量可能影响废水的回用。而 H_2O_2 分解产生·OH 也可能只是将大分子有机物氧化分解成小分子有机物，对于一些顽固性的有机物难以去除。为了解决化学试剂消耗大、对顽固性有机物氧化效果差的问题，在接下来的研究中可以开发不同的活化方法，提高氧化剂的利用率；针对顽固性有机物可以通过不同的氧化剂去降解或者与其他技术联用。

八、臭氧氧化法

臭氧拥有极强的氧化能力，既能分解染料，又能通过使有机染料的发色或助色基团破坏而使得废水脱色。臭氧对染料的脱色以直接氧化为主。但单独使用臭氧氧化处理印染废水有其局限性，其原因是臭氧分子的直接氧化具有很强的选择性，且速度慢，氧化速率不高。而臭氧的间接氧化是在其他因素的作用下，生成氧化能力超强的羟基自由基(·OH)，可以无选择性地将水中的有机物氧化，或使结构复杂、有毒的大分子有机物发生断链、开环等反应，生成结构简单、无毒或低毒的小分子化合物，且速度较快。因而在实际应用中经常采用各种方法来强化臭氧的氧化能力，使其间接氧化能力增强。通常采用的方法是将臭氧与催化剂、超声波、活性炭及其他技术联用来提高其氧化性能。

1. 催化臭氧氧化技术

(1)光催化臭氧氧化技术。光催化臭氧氧化主要以紫外线 UV 为能源、臭氧为氧化剂，利用臭氧在紫外线作用下分解产生的·OH 强化臭氧的氧化能力，提高臭氧氧化处理印染废水的能力。

(2)金属离子或金属氧化物催化臭氧氧化技术。这种方法是选用均相催化剂催化臭氧氧化技术处理染料废水。目前已经发现具有催化作用的金

属离子有 Fe^{2+}、Fe^{3+}、Mn^{2+}、Ni^{2+}、Co^{2+}、Cd^{2+}、Cu^{2+}、Ag^+、Mg^{2+}、Cr^{3+}、Zn^{2+} 等。

金属氧化物–臭氧体系中一般有 3 种可能的催化臭氧氧化机理：

①臭氧被化学吸附在催化剂表面,形成容易与未被吸附的有机分子反应的活性组分;

②有机分子被化学吸附在催化剂表面,然后同气相或水相中的臭氧反应;

③臭氧和有机分子都被化学吸附,然后这些被吸附物质之间相互反应。

TiO_2 一般用于光催化反应,但它对水中有机物的催化臭氧氧化也有很好的效果,其效果既优于单独臭氧氧化,又优于活性炭(AC)催化臭氧氧化。TiO_2 既可以单独作为臭氧氧化反应的催化剂,又可以和活性炭一起共同催化臭氧氧化。

2.超声强化臭氧氧化技术

O_3 自身能分解产生 $\cdot OH$ 等自由基,其氧化性高于 O_3 本身。而超声波(US)能够加快 O_3 的分解,提高自由基与有机物反应的速率和效率。

3.臭氧–活性炭–紫外光协同处理技术

活性炭内部发达的孔隙结构中含有大量的活性基团。因此活性炭既是良好的吸附剂,又是催化剂或催化剂载体,在降解有机物的过程中,活性炭的催化作用使臭氧的消耗量大大减少。而在紫外光催化的条件下,采用臭氧–活性炭氧化工艺处理高浓度废水,处理效果大大提高。

4.由化学法与臭氧协同处理技术

电化学法与臭氧协同处理技术是在电化学反应的基础上,使臭氧产生更多的羟基自由基,从而提高臭氧的利用效率,降低成本。

大量的研究结果表明,臭氧氧化法对印染废水的色度去除效果较好,其降解途径主要是通过自身较高的选择性与有机物直接反应及废水中的溶解性物质激发臭氧产生自由基降解有机物。相较于 Fenton 氧化法,臭氧氧化法没有污泥的产生,不会产生二次污染,无须后续进一步处理。但是其氧化效率低、成本高容易腐蚀设备,针对此类问题,未来应该更加深入研究催化臭氧氧化和其他方法联用技术。争取研制出寿命长、重复性好、催化活性稳定、更加经济的催化剂,使得臭氧氧化技术在印染废水深度处理领域中广泛应用,特别是在印染废水的脱色工艺中应用。

九、光催化氧化法

光催化氧化法应用于环境污染控制领域,是由于该技术能有效地破坏许多结构稳定的生物难降解污染物,与传统的处理方法相比,具有明显的高效、污染物降解彻底等优点,因此日益受到重视。二氧化钛、氧化锌、氧化钨、硫化镉、硫化锌、二氧化锡、四氧化三铁和草酸铁等作为常用的催化剂而被广泛应用于光催化氧化法。

十、超声波降解技术

超声波是指频率高于 20 kHz 的声波,当一定强度的超声波通过废水时,空气化气泡内部的水蒸气在超声波作用下的声空化效应引起的高温高压下形成,进一步与其他气体发生离解产生自由基,导致了超声化学反应的发生。超声既能迅速降解废水中的染料分子,又能提高其矿化度。

十一、氯氧化法

氯氧化法是染料分子及其中间体被氧化剂(液氯、次氯酸钠、二氧化氯等)氧化为毒性低的醛类和酸类小分子,最后氧化成水和二氧化碳的过程。氯氧化剂对水溶性染料(活性和阳离子染料等)和疏水性的硫化染料的脱色效果明显,对疏水性染料中的分散和还原染料等脱色不理想。

第三节　基于生物法的新工艺

生物法是通过生物菌体的絮凝、吸附和生物降解功能,对染料进行分离、氧化降解。生物法主要包括好氧法和厌氧法。厌氧生物技术去除印染废水的效率虽高,但由于印染废水的 COD_{cr}、色度等基数大,废水处理后仍不能达标,所以最终还需好氧生物处理。好氧法主要有活性污泥法和生物膜法两种处理形式。但好氧法和厌氧法不能单独使用,将二者进行联合使用效果较好。同时,一些新的方法也被不断应用到印染废水生物法处理中。

一、生物膜法

生物膜法主要有生物流化床、生物接触氧化、生物滤池和生物转盘等，对印染废水的脱色作用比活性污泥法高。

二、生物接触氧化法

生物接触氧化法是一种介于生物滤池法与活性污泥法之间的生物膜法工艺，该方法主要是在池内设置填料，为保证污水与填料（浸没在污水中）的充分接触，避免生物接触氧化过程中污水与填料接触不均匀，采用池底曝气对污水充氧，使得池内污水一直处于流动状态。生物接触氧化技术容积负荷较高，对水质水量的骤变适应力较强，剩余少量污泥，没有污泥膨胀问题，运行管理简便。

三、光合细菌法处理染料废水

海洋、湖泊等自然水环境体中广泛分布着紫色非硫光合细菌，在厌氧光照条件下和黑暗有氧条件下均能进行异养生长。紫色非硫光合细菌处理高浓度有机废水的基本原理是：紫色非硫光合细菌既能利用光能进行高效的能量代谢，又能利用氧气氧化磷酸化取得能量。目前利用光合细菌处理染料废水还处在萌芽阶段，但却为采用生物法净化染料废水指明了新的研究方向，拥有广阔的前景。

四、固定化微生物技术

固定化微生物技术是从固定化酶技术衍生发展而来的，它是通过化学或物理的手段将游离细菌定位于限定的空间区域内，使其保持活性并可反复利用，固定化微生物技术是现代生物工程领域中的一项新兴技术，该技术具有生物密度高、反应迅速、生物流失量少、反应控制容易等优点，同时该技术有利于提高生物反应器内的微生物密度，利于反应后的固液分离，从而缩短处理所需的时间。

五、生物强化技术

生物强化技术是指在传统的生物处理工艺体系中加入某些经过筛选的具有特定功能的微生物,通过提高有效生物性微生物的浓度,来提高其降解复杂有机物的能力,改善原有工艺体系的去除效能。如先采用传统的 UV 氧化法对印染废水进行初处理,降低废水毒性,再采用膜生物反应器(MBR)进行深度处理,并在适当的实验条件下植入微生活菌制剂(EM)菌群进行生物强化处理,结果表明,组合工艺对总有机碳(TOC)去除率接近 90%,处理效果明显。生物强化技术可以有效提高工艺体系的冲击负荷,提高系统的稳定性。

综上所述,国内的印染废水处理方法目前主要以生物法为主,物理法与化学法为辅。从"绿色循环经济"的角度看,未来印染废水治理发展主要有两个方向,其一是组合工艺的发展,但还需对组合工艺进行优化,开发分质回用技术,耦合生产过程;另一个发展方向是研究新型生物处理工艺及高效专门细菌处理。

在印染废水处理的应用过程中,印染厂需分析自身废水特质(水质、水量),深入了解印染废水性质,综合考虑处理废水的经济性、实效性,合理选择废水处理方法。

第四节　印染废水处理新工艺

一、印染废水深度处理耦合工艺

由于印染废水有水质复杂、难降解等特点,依靠单一的处理技术已经很难保证出水效果和水回收率。因此,开发有针对性的高效耦合工艺,已成为印染行业面临的重大难题。目前,传统处理技术如高级氧化、混凝、吸附及生物处理技术等进行耦合的工艺已经被广泛研究。操家顺等采用"臭氧-粉末活性炭-曝气生物滤池(BAF)"耦合工艺深度处理印染废水,考察了运行效果并对处理后的水进行水质分析。结果表明,臭氧氧化法不仅解决了废水脱色问题,也提高了废水可生化性;而粉末活性炭可以起到吸附臭氧氧化后水中残余色度的作用,以及作为臭氧分解的催化剂,避免残余臭氧对 BAF 生物系统的冲击。最终,经过优化后的组合工艺出水水质满足回用水标准。

张波等和杨峰等采用铁碳微电解–生物膜法–高级氧化工艺处理实际印染废水。结果表明,铁碳微电解提升了印染废水的可生化性,水中芳香族有机物被有效降解;而生物膜法对胺类有机物有较好的去除效果,对芳香族有机物去除效果较差;高级氧化工艺能够氧化大部分芳香族有机物,对胺类和有机卤化物效果甚微;该组合工艺对废水中污染物的降解具有良好的效果,出水符合《太湖地区城镇污水处理厂及重点工业行业主要水污染物排放限值》(DB 32/1072—2007)的限值要求。同时,贾艳萍等为了提高铁碳微电解处理印染废水的效率,采用响应曲面法对其优化,结果表明:铁碳微电解工艺受反应时间和废水 pH 影响最大,铁投加量与反应时间有显著交互作用,也发现了该工艺可降低废水的毒性。由此可知,当印染废水毒性较高时,可以将铁碳微电解作为与其他技术耦合时的预处理工艺。

周碧冰等采用 ABR 厌氧调节/二级物化混凝沉淀工艺作为预处理,结合传统活性污泥–高级臭氧氧化–生物滤池工艺处理了 COD_{cr} 为 3 000 mg/L 的印染废水,处理规模为 800 m^3/d。结果表明,该工艺对 COD_{cr} 的去除率达到99.8%以上,出水 COD_{cr}<50 mg/L,水色澄清,满足回用水要求。而且采用厌氧和混凝相结合的预处理工艺相较于混凝和水解工艺能减少污泥排放,降低成本的同时提高处理效果。因此,该工艺对高浓印染废水的回用有一定的应用价值。

然而,由于印染废水自身含盐度高及废水排放和回用标准在逐年提升,传统耦合工艺脱盐效果差和水回用率低日益凸显。因此,更多的研究者为了提高出水水质和提升废水回用率将膜分离技术与传统技术耦合。CINPERI 等通过 MBR-NF/RO-UV 耦合工艺对某纺织厂废水进行了深度处理,发现 MBR-UV 工艺可以实现对水的高效净化,但此工艺难以去除废水中溶解盐。当 MBR 处理后的废水再经 NF/RO 浓缩后经 UV 消毒可以获得更高质量的水,适用于印染工序回用。而 WANG 等提出的基于源分离的印染废水多级回用新系统(预处理–生化处理–UF/AOP-RO 系统),使再生水回用率显著提高至 62%,并可根据水质特点在不同印染工艺中进行回用,为污水回用提供了有前景的线索。对于经耦合工艺处理后的高浓水,朱利杰等对印染废水 RO 浓水水质进行了分析,可以有效地指导未来针对高浓尾水的进一步处理。

许多研究者利用 NF 或 RO 处理了真实的印染废水,证明了通过膜技术可有效地处理高污染印染废水,产生水用于印染过程的工艺回用。在废水经过生化、高级氧化或絮凝等预处理后,通过膜处理后的废水 COD_{cr}、色度去除效果极佳,膜分离后的淡水可以直接中水回用。但是随着有机物的累加,很容易造成膜组件的污染,缩短膜使用寿命。因此,未来研究可以在单元技术上加以改进,包括吸附效果、高级氧化降解效果和膜组件抗污染性能的提高。最终研发出一套高回用率、低成本且出水水质好的印染废水深度处理耦合工艺。

二、基于高压碟管式反渗透膜浓缩的新技术

　　由上述各种深度处理技术可知,不同的处理方法具有各自的优势和不足。景新军等学者提出纳滤(NF)-碟管式反渗透(DTRO)-高级氧化(AOPs)-低温结晶耦合的印染废水深度处理工艺,工艺流程见图6.1。

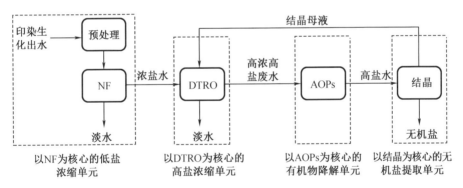

图 6.1　NF-DTRO-AOPs-低温结晶相耦合工艺

　　在以 NF 为核心的浓缩单元中可以回用 90% 的印染废水,而剩余 10% 的浓盐水如不进一步处理容易造成环境污染和资源浪费。为了将浓盐水中的无机盐和水资源相利用,利用高压碟管式反渗透膜实现高浓废水的进一步浓缩。与卷式膜技术相比,碟管式反渗透膜抗污染能力更强,对离子的截留率也更高,适用于高浓度盐废水的进一步浓缩利用。目前,该技术主要应用在垃圾渗滤液处理领域,将碟管式膜用于印染废水的深度处理还鲜有报道。因此,以 DTRO 为核心对浓盐水进行进一步浓缩分离,将浓缩后的淡水回用,得到的高浓盐水经高级氧化去除有机物后进行结晶。由于浓缩后的

水中无机盐 98% 以上为硫酸钠，故而采用冷却结晶的方法对废水中的无机盐资源化利用，结晶后的母液通过 NF 将少量的 Cl^- 与 SO_4^{2-} 分离，然后返回到 DTRO 单元浓缩。研究结果表明，在以 DTRO 为核心的浓缩单元中，当膜进水压力为 8.5 MPa 时，分离的淡水 TDS、COD_{cr} 分别小于 200、10 mg/L，淡水满足回用水标准。而浓水 TDS、COD_{cr} 分别达 150 000 mg/L、2 000 mg/L 以上，其溶质组成以 Na_2SO_4 为主(质量分数为 98% 以上)。在以 AOPs 和冷却为核心的结晶单元中，高级氧化可将浓水的色度几乎完全去除，COD_{cr} 去除率在 80% 以上；经氧化后的高盐废水在结晶终点温度为 0 ℃ 时，可以回收 60% 以上的无机盐，产品纯度达 99% 以上；结晶母液可回到 DTRO 单元继续浓缩。NF-DTRO-AOPs-低温结晶耦合工艺可使印染生化出水的回用率达 98% 以上，废水中的无机盐以产品的方式被资源化利用。该工艺的研究，不仅可以减小浓水排放对生态环境的影响，也可以有效地缓解水资源的匮乏，使得废水被有效利用。

参 考 文 献

[1] 顾鼎言,朱素芬.印染废水处理[M].北京:中国建筑工业出版社,1985.

[2] 黄长盾,杨西昆,汪凯民.印染废水处理[M].北京:纺织工业出版社,1987.

[3] 上海市纺织科学研究院.印染工业废水处理[M].北京:轻工业出版社,1974.

[4] 余淦申.印染废水生化处理与脱色[M].北京:纺织工业出版社,1979.

[5] 郑光洪.印染概论[M].3版.北京:中国纺织出版社,2017.

[6] 何方容.染整废水处理[M].2版.北京:中国纺织出版社2018.

[7] 廖权昌,殷利明.污废水治理技术[M].重庆:重庆大学出版社,2021.

[8] 周律,周宏杰.中国印染工业废水处理与再利用的现状分析[J].针织工业,2020(7):41-46.

[9] 薛罡.印染废水治理技术进展[J].工业水处理,2021,41(9):10-17.

[10] 景新军,蔡大牛,李斌,等.印染废水深度处理技术进展[J].水处理技术,2022,48(6):13-19.

[11] 操家顺,姜磊娜,蔡健明,等.采用"臭氧-粉末活性炭-曝气生物滤池"组合工艺深度处理印染废水[J].水资源保护,2012(6):75-80.

[12] 张波,戚永洁,蒋素英,等.铁碳微电解-生物膜法-高级氧化工艺处理印染废水中试研究[J].环境工程,2018,36(3):44-48.

[13] 杨峰,戚永洁,戴建军,等.铁碳微电解-生物膜法-高级氧化新型组合工

艺处理印染废水的降解迁移规律[J].印染助剂,2020,37(4):5-9.

[14] 贾艳萍,张真,毕朕豪,等.铁碳微电解处理印染废水的效能及生物毒性变化[J].化工进展,2020,39(2):790-797.

[15] 周碧冰,郑祥远.厌氧和高级化学氧化联合深度处理高浓度印染废水[J].中国给水排水,2017,33(10):109-111.

[16] 朱利杰,范云双,谢康,等.印染废水 RO 浓水水质分析[J].中国环境科学,2019,39(11):4646-4652.

[17] 张晓杰.厌氧+MBR+NF+RO 工艺与两级 DTRO 工艺处理垃圾渗滤液的对比分析[J].水处理技术,2019,45(9):126-129.

[18] 李捷,王舜和.厌氧+MBR+两级 DTRO 系统处理生活垃圾焚烧厂渗滤液的研究[J].环境科学与管理,2020,45(1):101-104.

[19] CINPERI N C, OZTURK E, YIGIT N O, et al. Treatment of woolen textile wastewater using membrane bioreactor, nanofiltration and reverse osmosis for reuse in production processes [J]. Journal of Cleaner Production,2019(223):837-848.

[20] WANG R, JIN X, WANG Z, et al. A multilevel reuse system with source separation process for printing and dyeing wastewater treatment: A case study[J]. Bioresource Technology,2018(247):1233-1241.

[21] AOUNI A, FERSI C, ALI M B S, et al. Treatment of textil ewastewater by a hybrid electrocoagulation/nanofiltration process [J]. Journal of Hazardous Materials,2009(168):868-874.

[22] KURT E, KOSEOGLU-IMER D Y, DIZGE N, et al. Pilot-scale evaluation of nanofiltration and reverse osmosis for process reuse of segregated textile dyewash wastewater[J]. Desalination, 2012(302):24-32.

[23] GUL K, ASLI C, EYUP D. Mass transport coefficients of different nanofiltration membranes for biologically pre-treated textile wastewaters [J]. Desalination,2011(269):254-259.

[24] SAHINKAYA E, UZAL N, YETIS U, et al. Biological treatment and nanofiltration of denim textile wastewater for reuse [J]. Journal of Hazardous Materials,2008,153(3):1142-1148.

[25] CINGOLANI D, FATONE F, FRISON N, et al. Pilot-scale multi stage reverse osmosis (DT-RO) for water recovery from landfillleachate[J]. Waste Management,2018,76(6):566-574.